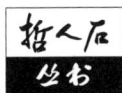

当代科普名著系列

Feeling & Knowing

Making Minds Conscious

感受与认知
让意识照亮心智

[美]安东尼奥·达马西奥 著

孙 强 译

上海科技教育出版社

Philosopher's Stone Series

哲人石丛书

立足当代科学前沿

彰显当代科技名家

绍介当代科学思潮

激扬科技创新精神

策　划

哲人石科学人文出版中心

对本书的评价

◇

在本书中，这位大师级的科学家化身为柔美散文作家，提出了一个又一个令人激动的见解……达马西奥在拉近身体与心智的距离上取得了辉煌的成就。

——《纽约时报书评》(*The New York Times Book Review*)

◇

达马西奥的科学散文简洁、准确且易懂，充分展示了他数十年来磨炼出来的核心洞察力：情感——包括情绪、感受、动机、心境——是理解我们做什么、如何思考及我们是谁的核心。

——《科学》(*Science*)

◇

达马西奥是一位深邃的思想家，熟悉多个学科。他的散文清晰易懂，深受大众喜爱。本书内容简明扼要，既是一部哲学著作，也是一部硬科学著作，熟悉大学心理学和神经科学的读者都会从中发现有益的见解。

——《柯克斯书评》(*Kirkus Reviews*)

◇

简洁的风格、近乎文学性的章节，以及达马西奥对意识毫不掩饰地惊叹和崇敬(尽管他相信用我们了解的学科知识可以解释意识，但他对意识的运作机制仍感到敬畏)，让这本书变得富有吸引力。例如，达马西奥很清楚地相信，我们的身体不仅可以体验感受，还可以在同一通道中调节这些感受。书中那些迷人、含蓄、异想天开的句子往往洋溢着这种敬畏之情。

——《非暗》(*Undark*)

内容提要

意识是人类传达与转化自己对周围世界的体验，以及感知自己在其中地位的基础能力。数十年来，许多哲学家和认知科学家都认为，意识的问题无法解答。但是，安东尼奥·达马西奥对生物学、神经科学、心理学，以及人工智能领域的最新发现深信不疑，并认为人工智能赋予了我们解开意识谜题的必要工具。

在《感受与认知：让意识照亮心智》一书短小、精悍的48篇文章中，达马西奥帮助我们了解意识与心智的关系，意识与清醒或感觉为何不同，感受在意识产生过程中扮演的关键角色，以及脑为何是意识发展的核心。他将各种科学研究领域的新发现与意识哲学相结合，充分展示了自己的原创研究成果，改变了我们对脑与人类行为的理解。

本书是一本关于意识问题的不可或缺的重要指南，出自神经科学领域极具国际影响力的科学家之手，是一部关于意识研究的集成之作，精练扼要、引人入胜，并且很有启发性。

作者简介

安东尼奥·达马西奥(Antonio Damasio),美国南加州大学神经科学、心理学和哲学教授,脑与创造力研究所主任。作为神经病学家和神经科学家,达马西奥在理解情感、决策和意识等方面做出了开创性的贡献,并在神经科学、心理学和哲学领域产生了重大影响。他是全球"高被引科学家"之一。他最近的工作是研究体内平衡机制在机器人设计中的作用。

达马西奥是美国国家医学院院士、美国艺术与科学学院院士、欧洲科学与艺术学院院士。他获得过众多奖项,包括佩索阿奖(Pessoa Prize)、阿斯图里亚斯王子奖科学技术奖(Prince of Asturias Prize in Science and Technology)、格文美尔奖(Grawemeyer Award)、本田奖(Honda Prize)、国际弗洛伊德奖章(International Freud Medal)及保罗·麦克莱恩奖(Paul Maclean Award)。他著有《笛卡尔的错误》(*Descartes' Error*)、《感受发生的一切》(*The Feeling of What Happens*)、《寻找斯宾诺莎》

（*Looking for Spinoza*）、《当自我来敲门》（*Self Comes to Mind*）与《万物的古怪秩序》（*The Strange Order of Things*）等书。

一部戏剧的生命始于表演的那一刻，

也终于表演的那一刻。

——彼得·布鲁克（Peter Brook）

推荐序:意识研究的突破口

意识的起源与本质是最重大的科学问题之一。近年来,由于生命科学的发展,与脑科学相关的主题已经成为全球科学家争相探索的焦点,而意识的产生又是这些焦点中的"佼佼者",充满了诱惑而又让人类望而却步。有些人曾断言,意识之谜将永远无法解开,人类只能鞭长莫及!

诺贝尔生理学或医学奖得主克里克(Francis Crick)在《惊人的假说:灵魂的科学探索》(*Astonishing Hypothesis: The Scientific Search for the Soul*)一书中说过,脑行为的所有方面都来自神经元的活动。这句话暗含的意思是,人的意识是由脑形成的。那么,到底是脑的什么运作机制促成了意识的产生呢?科学研究发现,感受和意识是伴随神经系统出现的,只有具备神经系统的生物才会有感受与意识,而且感受是意识的基础。进一步来说,感受和意识让生物体有了精神活动,继而在此基础上发展出智能,用于从事更为复杂的心智活动。而且，意识还可以由不同的神经结构产生，但都有一个共性的特征，即生物体神经系统特定区域中的神经元集群的电活动产生了意识。达马西奥是享誉全球的神经科学家，他综合了生物学、神经科学和生理学等诸多学科的研究成果，让生物学意义上的意识探索之路呈现出了"拨云见日"的景象。1999年，他出版了《感受发生的一切：意识产生中的身体和情绪》（*The Feeling of What Happens: Body and Emotion in the Making of Consciousness*），并指出："意识是生物体对自身的自我和周围环境的一种觉知。"在《感受与认知：让意识照亮心智》这本新书中，他明确地指出，解决生物意识问题的关键突破口是体内平衡感（homeostatic feeling）。我们日常生活中体验到的饥寒交迫和酸麻疼痒等各种感受都在意识的自发形成过程中扮演着核心角色，让人类个体对自身的状态有了"自知之明"。另外，心智与意识是不是一回事，意识与清醒之间有什么区别，从感受跃变到认知需要什么样的心智，大脑的生理结构对意识的产生又有什么样的意义，这一系列烧脑的挑战性问题都可以在这本书里找到答案。

在宏观上，人类正仰望星空，探索宇宙的奥秘。与此相对，在微观上，人类正深窥自我，揭示意识之谜。后者将为智能科学从感知智能向认知智能实现突破性的纵深发展提供富有变革性意义的启示，并有望提供一把打开未来通用人工智能之门的钥匙，推动机器意识产生机制的形成，从而为自然和谐的人机交互真正照进现实奠定根本性的基础。

近年来，有关意识探索的名著不少。除了本书之外，美国哲学家丹尼特（Daniel Dennett）的《意识的解释》（*Consciousness Explained*）就是一本关于意识主题的佳作。此书的特色是哲学味道较为浓厚。两本书在思想上相通，而在探索意识的本源上视角各异。类似的作品还有查默斯（David J. Chalmers）的《有意识的心灵：一种基础理论研究》（*The Conscious Mind: In Search of a Fundamental Theory*）、科赫（Christof Koch）的《意识探秘：意识的神经生物学研究》（*The Quest for Consciousness: A Neurobiological Approach*）和渡边正峰（Masataka Watanabe）的《从生物意识到人工意识：神经科学的观点与进展》（*From Biological to Artificial Consciousness: Neuroscientific Insights and Progress*）等。这些作品在关于意识的探索上有机地形成了互补的格局，相得益彰。

本书由孙强翻译，他是国内智能科学领域的知名学者和科普作家，也是意识探索的爱好者。全书译文自然流畅，语言贴切而又不乏生动性。本书将由上海科技教育出版社出版，而且被纳入该社经典的"哲人石丛书"系列当中，为国内意识探索领域的图书增添新品。希望早日问世，以飨读者。

史忠植

中国科学院计算技术研究所研究员

第三届吴文俊人工智能科学技术奖成就奖得主

2022年10月10日

目　录

中文版序

意识仍是现代科学的重大难题之一。能否找到关于意识的生物学解释，一些科学家表示他们不抱任何希望，而另外一些科学家则认为可以在量子物理学中找到相关的解释。

在本书中，我认为意识是由各种体内平衡感（比如，饥饿、口渴、疼痛和存在感）自发产生的。这类感受通常带有一种自动的认知，也就是生物体是活着的，并且心智属于这个独特的生物体。此外，感受可以让生物体通过纠正可能出现的错误来维持生命，比如，在疼痛或口渴时或容许生物体探索周围世界的情况下，以尽可能为其带来利益。

感受是意识的起源和基础。

安东尼奥·达马西奥

2022年6月20日

前　言

1

你即将读到的这本书有一些奇怪的缘起，在很大程度上，它源于我长期以来享受到的特权及我时不时感受到的一种挫败感。我的特权在于，当我在一本标准的非小说类书籍里用大量的篇幅来解释复杂的科学概念时，我有一个难得的享受空间。我的挫败感来自这些年与读者的交流，我发现自己满怀热情写出的一些想法——我热切地希望读者发现并欣赏的那些想法——在长时间的讨论过程中被丢弃了，几乎没有人注意到它们，也就更无欣赏可言了。鉴于这种情况，我做出了一个坚定的却总是被一再推迟的个人决定：只写我最关心的想法，而把用来框定它们的结缔组织和脚手架放在一边。简言之，我决定做优秀的诗人和雕塑家所擅长的事：把无关紧要的东西去掉，然后再做进一步的删减，并练习俳句的艺术。

众神殿（Pantheon）出版社的编辑弗兰克（Dan Frank）告诉我，我应该以意识为主题写一本简明的书。他认为在这一主题上，没有比我更善于接受和更富有热情的作者了。你们手中这本书的内容并不完全是按照他的要求编写的，因为这本书不仅仅是关于意识的，而且涵盖了与意识相近的主题。我没想到的是，在编写过程中的重新思考及对诸多材料的精简会帮助我正视自己曾忽略的各种事实，并使我思索出了关于意识及其相关过程的新见解。至少可以说,通往发现的道路是十分曲折的。

如果不先解决生物学、心理学和神经科学领域中的一些重要问题,就不可能理解意识是什么及它是如何发展的。

其中,第一个问题涉及**智能和心智**。我们知道地球上数量最多的生物是单细胞生物,比如细菌。它们有智能吗?事实上,它们的确有智能。那它们有心智吗?我相信,答案是否定的,它们既没有心智,也没有意识。它们是具有自主性的生物,且显然有一种与环境相关的"认知"形式。但是,它们依赖的不是心智和意识,而是基于分子和亚分子过程的**非显性能力**,这种能力可以根据体内平衡的指令有效地管控它们的生活。

那么,人类又是什么情况呢?我们有且只有心智吗?简单地回答:不是的。我们当然有心智,其充斥着被称为意象的模式化感官表征。**而且**,我们也有促使简单生物体完美运作的非显性能力。我们受两种智能支配,且依赖于两种认知。第一种是人类长期以来不断研究和珍视的。它以推理和创造力为基础,依赖于对意象信息的显性模式的处理。第二种是在细菌中发现的非显性能力,这是地球上大多数生命一直依赖并将继续依赖的一种智能。它依然隐藏在心理审视过程中。

我们需要解决的第二个问题是感受能力。**我们是如何感受到愉悦和痛苦、幸福和疾病、快乐和悲伤的呢?**传统的答案众所周知:

脑让我们产生感受，我们所需要做的只是研究特定感受背后的专门机制。然而，我的目的并不是阐明这种或那种特定感受的化学或神经相关性，这是神经生物学一直试图解决的一个重要问题，并且已经取得了一些成功。我的目标则不同。我想知道，是什么功能机制使我们能够在心智中体验到一种明显发生在身体上的过程。这种有趣的"旋转"——从身体到心理体验——通常归功于脑的影响力，特别是被称为神经元的物理和化学活动。虽然完成这一显著的"旋转"离不开神经系统，**但并没有证据表明其是靠神经系统单独完成的**。此外，许多人认为，让身体承载心理体验的这种有趣的"旋转"是无法解释的。

为了回答这个关键的问题，我聚焦于两类观察结果。其中一类涉及内感受神经系统——负责从身体向脑发送信号——的独特解剖学特征和功能特征。这些特征与在其他感官通道发现的特征截然不同。尽管其中一些特征之前已经被记录存档，但它们的重要性却被忽视了。然而，它们有助于解释"身体信号"和"神经信号"的独特融合，这对身体体验起着决定性的作用。

另一类相关的观察涉及身体与神经系统之间独特的关系。具体来说，神经系统完全存在于身体的整个边界之内。**神经系统及其自然核心——脑，整体上处于身体的固有领域，并完全熟悉该领域**。因此，身体和神经系统可以**直接且全面地进行交互**。对于我们生物体之外的世界与我们神经系统之间的关系，没有其他什么可与之比较的。这种特殊的安排产生了一个令人惊讶的结果：感受不是身体的传统知觉结果,而是身体和脑的**混合产物**。

这种混合状态也许有助于解释**为什么感受和理性之间存在着极大的差异,但二者之间并无对立,为什么我们是有思想的感受生物,也是能感受的思想生物**。根据环境的要求,我们过着感受、理性或二者兼而有之的生活。人性受益于丰富的显性智能和非显性智能,受益于感受和理性的运用(无论是单独使用其中之一,还是把二者结合起来使用)。很明显,我们有足够的智能,但这还不足以让我们对人类同胞举止得体,更不用说对其他生物了。

有了重要的新事实,我们终于做好了直接解决意识问题的准备。**脑是如何为我们提供心理体验,让我们明确地将这种体验与我们的存在——我们自身——联系起来的呢?** 正如我们将要看到的那样,这个问题的潜在答案会变得十分透明。

2

在我们开始讨论下面的内容之前,我想就我是如何开展心理现象研究工作的谈一些个人看法。可以肯定的是,我的方法是从心理现象本身出发的,即个体进行内省并告知其观察结果。内省有其局限性,但没有与之相竞争的对手,更不用说替代品了。它为我们想要了解的现象提供了唯一直接的窗口。在它的明确效力下,詹姆斯(William James)、弗洛伊德(Sigmund Freud)、普鲁斯特(Marcel Proust)和伍尔夫(Virginia Woolf)的科学和艺术天赋得到了发挥。一个多世纪之后,虽然我们会宣称取得了一些进步,但他们的成就依然是非同寻常的。

现在,通过其他方法获得的结果可以与内省结果联系在一起,并丰富内省结果。早期的方法也关注心理现象,但其通过聚焦于行为表现和生物学、神经生理学、物理化学及社会相关性间接地研究它们。近几十年来,许多技术的进步革新了这些方法,并赋予了它们相当大的力量。你将要读到的这本书的内容就是依赖于把这些正式的科研成果与内省结果相结合而产生的结果。

抱怨自我观察的缺陷及其明显的局限性,或者就此而言抱怨与心理现象有关的各门科学的间接性并没有什么意义。没有其他方法可以继续下去,已经进入最先进行列的"多面技术"在很大程度上减少了困难。

最后提醒一句,这种多管齐下的方法所产生的事实需要解释。它们提出一些想法和理论,尽可能以最好的方式解释事实。有些想法和理论很符合事实,也很有说服力,但注意,要相应地把它们当作假设,对它们做适当的实验检验,并用证据来支持或不支持。无论理论有多么诱人,我们都不应该把它们与已证实的事实混为一谈。另一方面,在讨论像心理事件这样复杂的现象时,我们往往不得不勉强接受难以验证的似真性。

第一篇

关于存在

◇

宇宙诞生时文字还没有出现

众所周知,宇宙肇始时文字还没有出现。在过去,生命的宇宙并不简单。恰恰相反,它是非常复杂的。自40亿年前生命发端之日起,它就很复杂。生命诞生时,没有文字和思想,没有感受和理性,更没有心智或意识。然而,生物体既能感觉到与它们相似的其他生物,也能感觉到自身所处的环境。我这里所说的感觉是指,能够发现另一个完整有机体、处于另一个有机体表面的微粒或被另一个有机体藏匿的微粒的"存在"。感觉**不是**感知,它**并不**构建一种以其他事物为基础的"模式"而创造其他事物的一种"表征"形式,并在心智中产生一种"意象"。另一方面,感觉是最基本的一种认知形式。

更令人惊讶的是,生物体对它们所感觉到的事物都**智能地**做出反应。做出智能反应意味着这种回应有助于延续它们的生命。例如,如果它们感觉到某一问题的存在,它们就会通过智能反应来解决这个问题。然而,重要的是,这些简单生物的聪明才智并不依赖于我们人类心智今天所使用的那种显性知识,即需要具体表征和意象的知识。它依赖于一种只是以维持生命为着眼点的隐秘能力。

这种非显性智能负责操持生命,并按照**体内平衡**的规则和制度来管理生命。体内平衡是什么? 你可以把体内平衡想象成一系列操作规则,而智能则是参照着一本不寻常(没有任何文字或插图)的操作指南无休止地执行着这些规则。这种操作指南确保维持生命的参数(比如,营养物质的存在、一定的温度或 pH 值)保持在最佳范围之内。

记住:生命诞生之时,人类没有语言,也没有文字,这些语言或文字甚至不存在于严格的生命规则手册里。

◇

生命的意义

我知道谈论生命的意义可能会引起一些不适,但是从每个生物体都是无辜的角度来考虑,生命离不开一个显而易见的目标:自我维持。在逐渐衰老直至死亡之前,生命需要努力将自己延续下去。

生命要想实现自我维持,最直接的途径是遵循体内平衡的指令。该指令是一套复杂的调控程序,使生命在早期单细胞生物中诞生成为可能。最终,在35亿年之后,当多细胞和多系统生物铺天盖地出现时,神经系统这一新进化的协调装置就开始协助体内平衡的运作了。这一阶段是为神经系统量身打造的,使它们既能够管理行为,还能够表征模式。此时,映像和意象在形成的路上,最终会产生依赖于神经系统的感受和意识心智。渐渐地,在几亿年的时间里,体内平衡开始在一定程度上受到心智的控制。为了更好地管理生命,现在所需的就是基于记忆知识的创造性推理。在意识容许的新的管理层面上,感受和创造性推理都发挥着至关重要的作用。这些发展扩大了生命的意义:毋庸置疑,还是生存,但同时还伴随着充分的幸福感,这些幸福感在很大程度上来自对其自身的智能创造结果的体验。

无论是细菌这样的单细胞生物还是我们人类自身,生存的目标和维持体内平衡的指令至今仍在发挥作用。但是,协助单细胞生物实现这一过程的智能类型与人类的是不同的。简单的"无脑"生物所拥有的都是非显性的、无意识的智能,这种智能缺乏显性表征所具有的丰富性和力量。我们人类拥有两种智能。

当讨论生命和不同物种所依赖的智能管理类型时,我们显然需要确定这些生物所运用的具体而独特的策略清单,并为这些策略构成的功能步骤命名。**感觉**(察觉)是最基本的智能管理方式,我认为它存在于所有的生命形式中。接下来是**心智**,它需要一套神经系统,能生成各种表征和意象——心智的关键组成部分。心理意象随时间流逝不断涌现,并无限制地被处理,从而产生新的意象。正如我们将会看到的,心智打开了通往**感受**和**意识**的道路。在辨别这些中间步骤时,如果我们不坚持下去,那么阐明意识的希望就会很渺茫。

◇
──

病毒的尴尬

提到智能但被忽视的能力,让我想起了我们正在经历的悲剧,以及与病毒相关的未解之谜。尽管我们成功地控制了脊髓灰质炎、麻疹和艾滋病,解决了季节性流感给人类带来的诸多不便和危险,但病毒仍然是让科学和医学蒙羞的一大元凶。我们疏于应对病毒性流行病的准备工作,在如何科学且清楚地阐明病毒和有效地处理其带来的后果上,我们是无知的。

在理解细菌于进化中所发挥的作用及它们与人类的相互依存关系上,我们已经取得了巨大进步,这一点对我们大有裨益。现在,微生物组是我们了解自己的一部分,但与病毒仍没有可比性。我们的首要难题是:如何对病毒进行分类及怎么理解它们在一般生命经济中的作用。病毒是活着的吗?不,它们不是。病毒并不是活的有机体。那我们为什么会谈到"杀死"病毒呢?病毒在生物界的地位如何?它们在进化中处于什么阶段?它们为什么会肆虐现实的生物,又是如何造成这种危害的?这些问题的答案往往都是暂定的、模棱两可的,病毒给人类带来的痛苦多到令人惊讶。将病毒和细菌进行对比是最有参考价值的:病毒没有能量代谢,而细菌有;病毒不会产生能量或废物,但细菌会;病毒不能自如移动,它们是核酸——脱氧核糖核酸(DNA)或核糖核酸(RNA)——与一些混杂蛋白质的混合物。

病毒不能自行繁殖,但它们可以入侵生物体中,操纵生物体的生命系统并进行繁殖。简言之,它们并不是活着的,但它们可以寄生于生命体并过着一种"伪"生活。病毒靠着寄居的生命体延续自身模糊的存在,一边摧毁生命体,一边又制造和传播着"它们自身"的核酸。尽管病毒无生命性特征,但我们不能否认病毒是非显性智能的一部分,而这种智能可以让从细菌开始的所有生物体都活起来。病毒拥有一种隐秘的能力,这种能力只有在它们找到合适的生物宿主时才会表现出来。

脑和身体

任何绕过神经系统来试图解释心智和意识存在的理论都注定要失败。神经系统是产生心智、意识和它们允许的创造性推理的关键要素。但是,任何**仅**用神经系统来解释心智和意识的理论也必然会失败。遗憾的是,今天的大多数理论都是这样做的。仅从神经活动的角度来解释意识是一种毫无希望的尝试,这在一定程度上造成了意识是一个令人费解的谜。正如我们所知,意识确实只在具备神经系统的生物体中才能完全显现,但意识还需要这些系统的核心部分——这是脑特有的——与身体里各种各样的非神经系统部分之间的大量交互,这也是事实。

基本的生物智能将身体与神经系统结合在一起,这是一种非显性的能力,能在满足体内平衡的需求时支配着生命,并最终以感受的形式表达出来。在很大程度上,只有通过神经系统才能完全形成感受的事实并没有改变这一基本现实。

神经系统与身体结合所带来的结果有可能使知识显性化,这主要是通过构建能形成**意象**的空间模式来实现的,我们后面会阐明这一点。神经系统还有助于记忆以意象为表征形式的知识,并为意象操作开辟道路,从而可以进行反思、规划、推理,并最终产生各种象征和创造新的响应、人工产物和观点。身体与脑的结合甚至设法揭示了生物学的一些秘密知识,换句话说,就是智能生命的节律和因由。

◇

神经系统是自然的"事后诸葛亮"产物

　　神经系统在生命历程中登场晚了。这种说法,一方面来看是不妥的,因为神经系统无论如何都不是首要的,当复杂的生物体需要高层级的功能协调时,神经系统为生命服务,使生命成为可能。但从另一方面来看,这种说法又有其合理性,因为神经系统出现之后,推动产生了各种非凡的现象和功能,如感受、心智、意识、显性推理、口头语言和数学等,它们在神经系统出现之前都是不存在的。这些"神经授权"的新事物以一种奇怪的方式拓展了非显性生物智能和非显性认知能力带来的成就,而后者本来就是存在的,它们的唯一目的就是服务生命。神经系统催生的这些新事物致力于优化体内平衡调节,并以更安全的方式维持生命,这正是神经系统通过为复杂多细胞和多系统生物体提供所需的高级功能协调时一直在实现的。内分泌、呼吸、消化、免疫或生殖系统具有差异化的复杂多细胞生物体由神经系统所护佑,而具有神经系统的生物体则被神经系统创造的心理意象、感受、意识、创造力和文化所保全。

　　神经系统是一种无心智、无思想但具有开拓性先见之明特质的绝佳"事后诸葛亮"产物。

◇

关于存在、感受和认知

　　生命有机体的历史肇始于40亿年前,其演化经历了好几条路径。在通向我们人类生命史的分支中,我喜欢想象三个截然不同且连续的进化阶段。第一阶段以**存在**为特征,第二阶段以**感受**为主导,第三阶段是一般意义上的**认知**。奇怪的是,每一个当代人身上都具备与这三个阶段相似的东西,而且它们的发展顺序相同。存在、感受和认知这三个阶段对应着人体可分离的解剖系统和功能系统,这些系统共存于我们每个人的身体内,它们会根据需要在成年人生命中得到利用。[1]

　　最简单的生物——那些只有一个细胞(或极少量细胞)且没有神经系统的生物——出生、长大和保护自我,其最终死于衰老、疾病或其他生物的杀害。它们是个体的存在。尽管无法借助心智——更不用提意识——的帮助,但它们仍能够从自身所处的环境中选择最佳场所来更好地生活,也能够为自己的生命而战斗。它们没有神经系统,所以它们的选择既缺乏预谋又缺乏反思,如果没有一个被意识照亮的心智,你既不可能预谋也不可能反思。高效的化学过程是这些生物得以开展大部分活动的基础,这种化学过程由一种精细但隐秘的、与体内平衡指令相协调的能力所引导,因此生命过程的大多数参数可以维持在与生存相适应的水平上。这是在没有对外部环境或内在进行明确表征——换句话说,就是没有心智——的帮助下实现的。同时,这一过程也没有得到思维和基于思维的决策来协助。这一过程还辅之以一种最低限度的认知形式。例如,"感觉"障碍物或估计某一特定空间中给定时刻存在的其他生物的数量,这种能力被称为"群体感应"。[2]

隐藏的能力反映了物理和化学方面的限制,它们是一种手段,能使生物过上更好的生活,同时又让其尊重现实。这里所说的"更好的生活"是指一种有效管理的生活,能在威胁中生存下来。从本质上讲,具有这些能力的生物都是能独立经营身体代谢业务和生产代谢产品的化工厂,尽管它们根本没有消化系统或循环系统。但是,令人意想不到的是,这种"伪简单"的生物(最典型的例子就是细菌)可以像社会群体中的成员一样生活在广阔的世界中,也就是生活在其他生物体内,比如我们人类。我们为它们提供食宿,并以提供有益的化学服务的形式收取一些租金。当然,有时候租客会滥用它们的处境,从交易中获得超出它们应得的部分,这就导致有时房东**和**承租人的结局都不好。

存在的早期阶段不包括任何可称之为显性感受或显性知识的东西,尽管"美好生活"的过程必须遵循理想的现实安排。没有这些安排,生活不会开始,或者就会早早地崩溃了。因此,在我们描述的广阔的历史道路上,存在的下一个阶段就是感受。而且,在我看来,若要使生物具备感受的能力,它们首先需要给自己的生物体添加几种特征。它们必须是多细胞的,必须拥有分化程度不等的器官系统,其中的亮点是神经系统——应对内部生命过程与外部环境的自然协调者。接下来会发生什么呢?我们将"目不暇接"。

神经系统使生物体能够进行复杂的移动,最终促成了一个真正新奇事物的诞生:**心智**。感受是能证实生物体具备心智现象的首批例证,它们的意义很难被夸大。感受让生物在各自的心智中表征自己身体的状态,从而让生物的身体专注于调节内部器官的功能。这些功能对于维持生命不可或缺,比如,吃、喝和排泄;在感到恐惧或愤怒、厌恶或蔑视时,表现出的防御姿态;合作、冲突等社会协调行为;活跃、欢乐和兴奋的表现;甚至还有那些与繁殖有关的行为。

感受为生物体带来了对自身生命的**体验**。具体来说,它们为主人的生物体提供了一个用来衡量其**生活**相对成功程度的分级评估,这是一种以质量为形式的自然测试等级——愉快还是悲伤,轻松还是紧张。这是宝贵且新颖的信息,是局限于"存在"阶段的生物体无法获得的信息。

毫不奇怪,感受是创造"自我"的重要因素。[3]这种心理过程受生物体的状态激励,扎根于其身体框架(由肌肉和骨骼结构组成)中。视觉和听觉等感官渠道所提供的视角会引导该过程的进行。

一旦存在和感受被组织好并运作起来,它们就准备支持和扩展可构成"三位一体"第三个成员的智慧:**认知**。

感受让我们认识了体内生命,且稳妥地将这种认识变得有意识(在第三篇和第四篇中,我们将解释感受是如何设法做到这一点的)。这是一个关键而基本的过程。然而,我们几乎没有注意到这一点,这个过程竟然不知好歹地受了另一类认知的影响,它们是在记忆的协助下由感官系统(视觉、听觉、触觉、味觉和嗅觉)构建起来的。基于感官信息生成的映像和意象是心智中最丰富多样的组成部分,它们与一直存在且相关的感受共存。通常情况下,它们主导着心理活动。

奇怪的是,每个感觉系统本身并没有意识经验。以视觉系统为例,我们的视网膜、视觉通路和视觉皮层都生成外部世界的映像,并提供各自对应的、明确的视觉意象。但是,我们还不能将视觉系统中的这些意象自动地称为我们的意象,即呈现在我们机体**内**的意象。我们不会把这些意象与我们的存在关联起来,我们也根本意识不到这些意象的存在。只有当存在、感受和认知这三种处理方式协调运作起来时,我们才会把这些意象与我们的机体联系在一起,字面意义上**指的就是它**,并**将其置于机体中**。只有那时,体验才会出现。

这一重要但未引起人们注意的生理步骤所带来的结果是非同寻常的。一旦体验开始作用于记忆,有感受和有意识的生物体便能够维持它们或多或少都较为详尽的生命史,它们与其他生物体及环境的互动史。简言之,可以维持每个生物体生命的历史,这简直就是人格的盔甲。

◇

生命日历

原始细胞生物	40亿年前
最早的无核细胞生物（即原核生物，如细菌）	38亿年前
光合作用	35亿年前
最早的有核单细胞生物（即真核生物）	20亿年前
最早的多细胞生物	7亿—6亿年前
最早的神经细胞	5亿年前
鱼类	5亿—4亿年前
植物	4.7亿年前
哺乳动物	2亿年前
灵长类动物	7500万年前
鸟类	6000万年前
原始人类	1400万—1200万年前
智人	30万年前

第二篇

心智与新的表征艺术

◇

智能、心智和意识

　　这里有三个变幻莫测的概念,对这些概念内涵的阐释是一项永无止境的工作。从所有生物体的总体角度来看,智能意味着能成功地解决生存竞争所带来的各种问题。然而,细菌的智能与人类的智能之间相差很大的距离。准确地说,有数十亿年的进化距离那么大。可想而知,这些智能的范围和它们各自的成就也是不同的。

　　人类的显性智能既不简单也不渺小,这种智能需要心智及与心智相关的各种发展来协助,即**感受**和**意识**。它们还需要**感知**、**记忆**和**推理**。心智内容形成的基础是能表征物体和行为的**空间映射模式**。首先,这些内容对应于我们从体内和周围世界中感知到的物体和行为。我们可以在**心理层面**对构建的空间映射模式的内容进行**检验**。在考虑一个特定的模式时,作为心智的拥有者,我们可以检验模式的"衡量标准"或它的"外延"情况。此外,作为模式的拥有者,我们还可以在心理层面检验它们相对于特定物体的结构,并做出反思,例如,关于它们与原始物体的"相似"程度。

最后,心智的内容是可以**操纵的**,这意味着我们作为模式的拥有者,可以从心理层面上把它们分割成若干部分,然后以五花八门的方式将其重新组合,从而产生新模式。当我们试图解决一个问题时,在寻求解决方案的过程中所做的(心智)"切割"和"组合"就是推理。

用**意象**这个词来指涉构成心智的心理模式比较方便。但这里的意象并不仅仅是指"视觉"意象,它还是由视觉、听觉、触觉,以及内脏感觉等主要感觉器官产生的**任何**模式。当我们在心智中进行创造性发挥时,确实运用了我们的**想象力**,对吧?

相比之下,细菌的智能是隐式的、非显性的。观察者和智能生物本身对它的所有阴谋一概不知。对智能生物来说,这一点至关重要。就解决问题来说,我们这些沮丧的观察者所知道的只是开始和结束,也就是问题和答案。至于生物体本身,我认为它们知道的或许更少!据我们所知,在一个智能细菌的体内,没有任何东西可以构建表征其周围或内部的物体或行为的模式,没有任何与意象类似的东西,因此也就没有任何与推理相似的东西。但是,依靠生物体的物理支撑,智能行为在精心制定的生物计算的基础上完美地运转着。生物计算的作用范围很小,但过程并不简单,处于分子水平及其以下。

为了清晰起见,现在我们可以将这两种智能的关键要点列出来:一种是隐蔽的、隐藏的、隐匿的、**潜藏的**、非显性的智能,另一种是公开的、明显的、显性的、映射的、心理的/有心智的智能。尽管这两种智能的运作方式不同,但都肩负着同样的使命——解决因生存竞争而产生的问题。隐蔽的智能解决问题的方式既简单又经济,而显性智能的处理方式则十分复杂,它们需要感受和意识,使生物体关心这种竞争,并在行动过程中创造了新方式来这样做。

人们很容易忽略我在这里所描绘的非显性智能和显性智能形式之间区别的意义。非显性并不意味着这种智能就像"魔法"一样神奇,尽管仍有许多生物学上的奥秘等待阐明;显性也并不是说可以完全解释清楚。简单地说,非显性的机制是不透明的,在不借助显微镜或精细生物化学等手段的情况下,它是不可被检验的,更不用说用理论来解释事实了。而显性的机制在很大程度上是可以通过跟踪意象模式、它们的行为和关系来验证的。

正如我们将会发现的那样,显性过程需要**经由生物体并在生物体内部构建和存储意象模式**。而且,同一个生物体必须能够在不借助复杂科学技术的条件下在内部检验各种模式,并据此组织行为。

智能	
隐蔽的	公开的
隐藏的	明显的
非显性的	显性的
细胞器和细胞膜中的化学/生物电过程	基于空间映射的神经模式,这些模式"表征并类似于"物体和行为;意象派

　　细菌和其他单细胞生物受益于非显性智能的非凡天赋。而我们人类享有的特权则要大得多。我们**既**受益于显性智能**又**受益于非显性智能。我们可以选择其中一种或同时使用两种来解决我们手头上的问题,甚至不需要决定使用哪一种。我们的心理习惯和心理活动方式为我们做了决定。[1]

　　我还落下了一个令人烦恼的情况,即病毒这种可怕的、无生命的混合物的智能。一旦病毒进入一个合适的生物体之内,即使它们的状态仍然是"无生命的",但从其持久性的角度来看,它们的"行为"仍是最智能的。如前所述,这种状况既矛盾又尴尬,但我们必须接受。作为无生命生物,病毒通过智能行为拓展式地培育它们潜在的生命之源:核酸。

◇

感觉和意识不一样,不需要心智

所有生物体都有察觉或"感觉"感官刺激的能力,再小的生物体也不例外。这种感官刺激包括光、热、冷、振动或戳刺带来的刺激。生物体也能对感觉到的事物做出反应,这种反应要么针对它们周围的环境,要么针对它们体内由(包含事物的)细胞膜所界定的内环境。

细菌有感觉能力,植物同样也有。然而,据我们判断,细菌和植物都不具有意识。它们能够感觉并会对所感觉到的事物做出反应;它们的细胞膜可以察觉到温度、酸度及细微的推挤力;它们可以做出相应反应来避免这些刺激,比如远离这些刺激。细菌和植物都具有基本的认知形式和非凡的智能,但对自己所做的事情却都没有**明确的**知识,也不能做出清晰的推理。为什么会这样呢? 知识只有在心智中以意象模式的形式表达时,才会在一个生物体中变得明确,而推理能力则明确要求意象的逻辑操作。细菌和植物似乎都没有心智或意识。重要的是,**细菌和植物都没有神经系统**。

仅凭感觉并不能赋予一个生物体心智或意识的权利。不过,这是有先例可循的。意识只有在具备感觉能力和能产生心智的生物体中才有可能形成。

我们周围及体内的细菌都具有一种**非显性的能力**,这使它们得以有效且**智能地**管理自己的生活。植物也是如此。它们的智能与不可名状的目标有关,即永远生存并不断繁荣。细菌和植物根据生命调节(或体内平衡)的要求,依照它们"应该进行"的方式运作,但它们做得很**盲目**,意思是它们**不知道**为什么做或如何做它们要做的事情。促使它们的行为如此成功的化学机制,在它们的生物体的其他部分并没有**被表征**出来,而且这种机制也不可能向生物体的拥有者**展示**自己。**参与生物体成功与失败的部分和机制发挥了它们各自的作用,但在生物体的其他部位从来没有被"描绘"出来**。在这样的生物体中,任何部分或矛盾都无法构成明确的知识。

当我们讨论感觉的盲目性和无意识性时,我们应该介绍并反思一个有趣的事实:细菌和植物对大量麻醉剂的反应是暂停生命活动,进入一种感觉能力不复存在的冬眠状态。这些事实最早是由法国生物学家伯纳德(Claude Bernard)于19世纪晚期提出来的。想象一下,当伯纳德发现他那个时代的早期可吸入性麻醉剂能让植物安静下来而进入睡眠状态时,他会有多么惊讶呢。[1]

这一事实特别值得关注。正如我们刚才所说,无论是植物还是细菌,它们似乎都没有心智或意识。现今,大多数人,无论是普通人还是科学家,都会将这些自身具备的"功能"与麻醉剂的作用关联在一起。术前,患者都要经历麻醉,在其失去"意识"后,外科医生才能平静地工作,并将他从痛苦中拯救出来。我认为,由于细胞膜双层特性中离子通道的扰动,麻醉剂对我们刚才描述的**感觉**功能造成了根本且基础性的破坏。麻醉剂并不专门针对心智,但感觉一旦被阻断,心智将不再存在。而且,麻醉剂也不针对意识,因为正如我们将会提到的,意识是一种特定的心智状态,它不能在没有心智的情况下出现。

一旦我们具备了意识的能力,我们意识到的就是我们心智中的**内容**。

心智若具备感受能力及对周围世界的洞察力,那么它就是有意识的,这种情况不仅存在于人类中,还广泛存在于动物王国里。所有哺乳动物、鸟类和鱼类都有心智和意识,我怀疑群居昆虫也是如此。但是,简单的单细胞生物不在这个范畴之内。那它们是怎么做的那些聪明事儿呢? 我们刚刚提到过,渺小卑微的细菌有一种并不渺小的能力来维持它们的生命。它们有一些前体,这些前体最终可以使心智甚至意识得到发展。但是,对于我们所称的那种心智程度,细菌还没有完全做好准备,更不用说让它们具备有意识的心智了。

◇

心智的内容

把心智翻个底朝天,再把里面的内容和盘托出,你会发现什么呢? 意象,更多的意象。这些意象正是像我们人类这样的复杂生物在不断进化的"洪流"中生成和组成的。正是这种"洪流"使詹姆斯(William James)名垂青史,他使"意识"一词声名远扬,因为这两个词在短语"意识流"中经常成对出现。但是,我们会发现,"洪流"刚开始只是由意象构成的,这些意象无缝衔接地流动构成了心智。当然,一旦有额外的要素过来帮忙,心智就会变得有意识。

在视觉、听觉、触觉、嗅觉和味觉的作用下,人们对外界物体和行为的知觉变成了意象。它们往往会控制我们的心理状态,至少看起来是这样。然而,我们心智中的许多意象并不是来自脑对周围世界的知觉,而是来自脑与我们身体**内部**世界的共谋和融合。例如,当你无意中敲到了手指而不是钉子时所引起的疼痛。当这些复杂的意象融入我们的心流中时,它们也会主导我们的心理过程。

由于几种原因,内部的意象是非典型的。产生这些意象的装置不仅描绘了我们内脏的内在情况,而且还受它们的吸引,并以双向互动方式亲密地与它们的化学反应相联系。由此,产生了一种被称为感受的**混合物**。一个正常的心智是由外在传统的或直接的意象及内在**特殊且混合的**意象共同组成的。

然而,还有更多其他类型的意象需要处理。当我们回忆起我们对物体和行为的记忆时,当我们再生伴随它们出现的感受时,记忆和再生的产物也会以意象的形式出现。记忆的产生主要是以某种编码的形式把意象记录下来,这样最终我们就能恢复与原版相近的东西。那么,用我们熟悉的语言(主要是口头语言,还有数学和音乐语言)对物体、行为和感受所做的翻译结果会如何呢? 这些翻译也是以意象的形式出现的。

当我们把心智中的意象联系并组合起来,并通过我们富有创造性的想象对它们加以转化时,我们就产生了能表达既具体又抽象的想法的新意象,构造了各种象征,并且我们致力于把产生的大部分意象都留在记忆里。当我们这样做的时候,就扩大了心智的档案库,之后我们能从中获取大量未来的心理内容。

◇
——

无心智的智能

　　无心智的智能比基于心智的各种智能早几十亿年,这种智能隐藏在生命机理的深处,用"深奥"一词来形容这一过程最合适不过了。没有心智的智能很好地隐藏在能促使生物体完成智能任务的分子通路工作原理背后,还能协助像病毒之类的非生物体完成任务。

　　无心智的智能广泛出现在本能反应、习惯、情感行为,以及生物体之间的竞争与合作中。要留意无心智的事物,它们的技能施展空间很广泛。读者们,请注意这一点:我们这些高尚且**有心智的**人时刻受益于无心智的智能机制所发挥的作用。

◇
──

心理意象的形成

意象是在哪里产生的,又是如何产生的？它们是通过知觉产生的。而且,当我们从生物体周围的世界开始讲起时,这个问题便迎刃而解。与我们周围环境相对应的神经活动模式,首先由我们的眼睛、耳朵或皮肤中的触觉小体等感觉器官调制而成。感觉器官与中枢神经系统一起工作。在中枢神经系统中,脊髓和脑干等区域的细胞核汇集了感觉器官收集到的信号。在经过多站中继之后,最终大脑皮层会接收并组织知觉信号。得益于休伯尔(David Hubel)和维泽尔(Torsten Wiesel)等生理学家的开拓性工作,我们了解到这种设置的结果是以视觉、听觉、触觉等感官方式描绘物体及其所处领地的映像,这是我们在心智中所感受到的意象的基础。[1]当神经细胞(神经元)根据特定的模式变得活跃时,信息从眼睛或耳朵等感觉器官输入到视觉、听觉和触觉系统的大脑皮层区域内,我们便构建了映像。这些映像所涵盖的丰富细节及内容的实用价值解释了为什么在大多数常规情况下,它往往支配着我们的心理。映像的对象与我们形成的意象关系密切。构建精确的映像至关重要,而含糊不清是要付出代价的。不清楚的映像可能会误导你,更糟糕的情况是,它还会使你做出错误的动作。

细心的读者会注意到,我没有提到给味觉或嗅觉构建映像和意象,尽管它们是很重要的感官通道;我也没有提到给我们的精神世界构建映像和意象,尽管它们是产生感知的重要一环。

产生嗅觉和味觉的各个环节具备三种主要感官的通用逻辑,但利用的是它们自身的化学混合和模式组合。它们具有隐性和显性智能形式的共同特征,也许它们应该被视作从一种智能形式到另一种智能形式的过渡。2

另一方面,正如我们在后面讨论感受时将要展示的那样,感受是完全混合的过程,它依赖于内感受的独特特征和设计,这个过程将我们的内部打开,让我们接受感官上乃至最终心理上的检验。

感受提供的信息包括事物或状态的"品质"——好或不太好,以及这些品质的"数量"——非常糟糕或者还不错。精确度并不是最重要的,因为感受提供的信息偶尔是系统设计**故意**弄错的。什么时候会发生这种情况呢?比如,在没有医生或任何药物的干预下,体内生成的"麻醉剂"会减轻伤口的急性疼痛。

◆

将神经活动转化为动作和心智

理解神经元的放电产生动作的机理已不再是一个谜。第一,放电神经元的生物电现象引发了肌肉细胞的生物电过程;第二,这个过程会导致肌肉收缩;第三,由于肌肉收缩,在肌肉本身及相应的骨骼中便出现了动作。[1]

化学-电过程产生心理状态的机理遵循同样的通用逻辑,但远没有那么透明。与心理状态相关的神经活动在空间上分布于神经元阵列上,其布局方式可以自然而然地形成**模式**。最明显的例子出现在视觉、听觉、触觉,以及那些探查我们内脏内部活动的感官探测器中。从空间上看,这些模式与激发神经活动的物体、行为或特性相对应。它们对物体和行为的**描绘**不仅仅体现在空间上,还会涉及行为展示所需的时间。神经活动在映像上全面描绘了目标物体及其行为。根据我们神经系统所知觉到的周围世界中存在的物体和行为的具体细节——特别是眼睛或耳朵等感觉器官接收到的那些部分——即时地简要描绘"映像模式"。有序的神经活动会将这些模式传输到脑,其结果就是构建我们心智的"意象"。换句话说,神经生物学意义上的"映像模式"变成了我们称之为意象的"心理事件"。当这些事件成为包含感受和自我审视在内的背景的一部分时——也只有在此时——它们才能成为**心理体验**，也就是说它们才能变得有意识。

根据个人的定位，可以把这种"转换–变换"看成是事件的神奇转变，也可以将其视为一种非常自然的现象。我赞成第二种说法，但这并不意味着这种解释是完整的，所有细节都是透明的。正如我前面提到的，在阐释"心智的物理学"这一方面，我们还需进一步努力。然而，我们不能将这种"不完整性"与意识的"难题"相混淆。它涉及心智的深层**结构**，即支撑映像和意象的结构，而经典物理学可能不足以完全解释这一点。时间会告诉我们，这种不完整性的难易程度将被证实。

◇

构建心智

众所周知,我们的心智是由各种各样的意象组成的,它们在时间上接踵而至,有的意象赋予我们视觉和听觉,有的意象则属于感受的一部分。我们还知道,主要意象通常是以"模式"的形式呈现的。这种模式是一种空间的几何设计,其中的元素以二维或多维形式布局。这种空间性是心智的核心,它负责心理内容的**显性**部分,这与非显性能力恰好相反。后者能够非常智能地辅助无神经系统的生物体,而且对我们人类这样的复杂生物体也有帮助。非显性能力是非常有效的,但仍然无法通过心理检验发现它们的运作机制。例如,信使核糖核酸(mRNA)可以被精确地解读成氨基酸链,甚至可以从错误修正机制中获益。然而,我们无法在"心理上"审视转录过程。科学已经揭示了它的细节,但它仍然隐藏在我们肉眼看不到的地方。

那么,在哪里可以发现显性的意象模式呢?神经解剖学和神经生理学领域的经典研究工作表明,这些模式是建立在"动态映像"基础之上的,是在各种感官系统的大脑皮层中快速产生的,包括关联皮层及在大脑皮层水平以下的脑结构中,例如,丘与膝状神经节。在所有这些结构中的"模式"与神经系统之外存在并活跃的物体、行为和关系相呼应。有一种说法可解释这些模式是如何产生的,诸如视网膜或耳蜗这样的感官探测器会分析物体及其关系,并在不干扰运动物体实时序列的同时,通过坐标空间中绘制的神经元网络来"模拟"或"描绘"它们。对于以模式化方式激活神经元这一目的而言,所有这些神经结构的网格状剖析都是理想选择。因此,不同维度下的各种设计可以迅速"激活",也可以迅速"消失"。

鉴于每个感官通道中可用皮层的多样性,我们很有可能会问:我们到底是在哪里组合意象并体验到它的呢?是在初级大脑皮层吗?如果是的话,具体是在哪一层或哪几层完成的呢?或者这些意象存在于不止一个皮层区域中,心智中体验到的实际意象是由若干同时组合的模式形成的复合意象?

对于意象存在于哪里这一问题,目前还没有明确的答案。它们显然是在不同地点、不同时间,以不同粒级生成的。此外,还有一个问题与"意象在哪里"相关:意象是通过什么附加机制**变得**有意识的?由于在使意象变得有意识的过程中,感受发挥着不可或缺的作用,所以在讨论完感受之后,我们将会解决这个问题。

也许还有一个更神秘的问题,它涉及心智的深层结构,也就是我之前提到的**结构**问题。心智过程依赖于神经元回路中的生物电事件,这一说法当然是正确的。但我们能否沿着这一观点继续往**深处**探究呢?我认为这一方面的探究可能有助于研究神经组织及其所处的非神经环境的物理结构和动力学。在这方面，物理学家彭罗斯（Roger Penrose）、生物学家哈梅罗夫（Stuart Hameroff）及计算机科学家内文（Hartmut Neven）都认为：细胞内（尤其是神经元内）运行的各种量子水平的过程是心理活动的重要角色。[1]

普通生物学最新的研究进展表明，亚分子、量子级的事件对于解释诸如光合作用这类复杂的生物过程至关重要。它们同样可以解释声呐、回声定位和鸟类磁北的测定，这些都是"心智相关"的现象。这些事实有力地支撑了上述科学家们的观点。

需要指出的是，在我看来，上述考虑适用且只适用于心智的构建。在下面的章节中我将会讲到，解释意识——解释如何使心智变得有意识——并**不**需要我们诉诸亚分子水平，但解释**心智的结构**则可能需要。意识是一种系统层面的现象，它需要重新安排心智的内容，而**非**制造单个要素。

◇

植物的心智和查尔斯王子的智慧

    人们一定喜欢能与植物交谈的人，而查尔斯王子（Prince Charles）应该就是这样的人。人们一定觉得与植物对话不仅能认可非人类生物生命形式的价值，还能尊重这样一种颇为有趣的想法——通过平实或充满诗意的语言进行细心照料就能在非人类生物的生命中产生影响。

    我不知道查尔斯王子是否特别熟悉植物学或只对生物学了解个大概，不过他有很多理由尊重和热爱植物。而且，他并不孤单，与他志同道合的不是别人，正是我们刚刚提及的伯纳德。伯纳德发现了麻醉剂在植物生命中的作用，并于19世纪后半叶发现了生命调控的意义。同时，他还解释了生命调控对维持所有生物体内的物理化学平衡的必要性，并赋予了其独特的名字——"内环境"（internal milieu）。伯纳德的一些思想受到了植物的启发。虽不尽然，但人们很容易就想象他也能和植物对话。我们有足够的理由承认，尽管"体内平衡"这一术语——由美国科学家坎农（Walter Cannon）提出——在几十年后才出现，但在巴黎默默耕耘且令人钦佩的伯纳德首次阐释了体内平衡的现象并揭示了其重要性。[1]

伯纳德在他的植物中观察到了什么呢? 他观察到这些生物有许多细胞和不同种类的组织,尽管它们被包裹在纤维素中,失去了"肌肉",无法从事**明显的**运动,但它们能非常成功地控制复杂的多系统生物。他注意到这些植物实际上能够利用地下惊人的根系网络暗中进行大量**不可察觉的秘密**运动。这些根茎似乎历来见多识广,慢慢地向地下伸展,一刻也不停息,因为地下有大量水分和养料。

伯纳德也意识到由于高效水循环系统的存在,水分可以从地下输送到地上,抵达植物的最顶端及它们的花和叶子。同时,他注意到多细胞、多系统的植物有绝佳的方法移动,它们把新生的细胞一个接一个地并在一起,通过延长整个枝的尖端来实现移动。当植物的根系弯曲并向水分充足的特定方向生长时,植物就会这样做。在特殊情况下,植物实际上会凭借类似肌肉的部分进行移动,就像捕蝇草(venus flytrap)的叶子那样,不过这只是例外。

伯纳德如果发现自他那个时代以来我们已经了解到的东西,也不会感到惊讶:森林里的树根形成了巨大的网络,从而有助于形成群体体内平衡。[2]

所有这些奇迹都是在缺少神经系统的情况下实现的,不过需要借助丰富的感觉和无心智的智能。既然诸多行为不用心智就可以完成,那么谁还需要它呢? 伯纳德有充分的理由欣赏这些植物并对它们遵从体内平衡规则这一事实进行探究。查尔斯王子也有充分的理由滔滔不绝地讲述自己对这些植物的敬意。

厨房里的算法

在谈论算法时,人们常常怀着一种尊崇之情,这种尊崇恰如其分地归功于那些改变人类生活的科学或技术的发展。尊重和崇敬是很有道理的,但重要的是要理解算法的本质并弄清楚它们的局限性,尤其是在我们将算法与意象进行比较时。我们应该把算法看作食谱,就像维也纳炸肉排的做法,或者像塞雷斯(Michel Serres)建议的那样制作法式苹果挞。[1] 当然,把它们想象成食谱是很有帮助的,但它们并不是食谱本意要帮你实现的东西。你无法品尝维也纳炸肉排的配方,也无法尽情享用法式苹果挞的配方。多亏你是有心智的,你可以**预测**味道并因此垂涎欲滴,但单凭配方,你无法真正品尝到根本就不存在的产品的味道。当人们想到"上传或下载他们的心智"并实现长生不老时,他们应该意识到,他们冒的险是在活的生物体内无活脑的情况下,把**食谱**且只是食谱迁移到计算机设备上。在论证得出其结论之后,他们无法享受到实际烹饪和真实食物的真正味道和气味。

我不是在贬低算法。我曾唱了那么多诗来赞美深奥的智慧,促成它们实现的密码,所以我怎么可能会贬低它们呢?

第三篇

关于感受

◇

感受的缘起:奠定基础

感受的进化史可能始于生命化学与某一特定生物体早期神经系统之间的一场小心翼翼的对话。在比我们简单得多的生物中,这种交流会产生诸如简单的幸福感或基本的不适感等感受,而不是那种微妙的分级感受,更不会有像局部疼痛那种复杂的感受了。然而,这已经是非常了不起的进步了。这些小心翼翼的开端为每个生物体提供了一个方向,一位敏锐的顾问,告诉它们下一步该做什么,不该做什么,或者该去何方。生命史上出现了一种新奇且极为宝贵的东西:**与物质的有机体相对应的精神存在。**[1]

◇

一

情　感

　　最简单类型的情感始于生物体内部,它的涌现是模糊的、分散的,产生的感受是难以描述或捕捉的。"原生感受"一词可以恰如其分地表达这个概念。[1] 相比之下,"成熟的感受"为我们"内部"的器官——如心脏、肺和肠道——以及它们分别执行的脉搏、呼吸和收缩等行为提供了生动且自信的意象。最终,这些意象就会像局部疼痛那样变得清晰且集中。但是,有一点不要搞错了,无论是模糊、粗略,还是精确严谨的感受,它们都是**极有信息价值的**——承载着重要的知识,并将这些知识牢牢地植入心流中。比如,肌肉是紧张的还是放松的? 肚子是饱的还是空的? 心脏的跳动是规律且乏味的还是有节奏的? 呼吸是轻松的还是费力的? 我的肩膀疼吗? 因为拥有感受这一特权,我们人类得以了解这些状态。这些信息对我们以后做好生活管理是非常有价值的。但我们如何获得这些知识呢? 当我们对整个世界的物体进行"感受"而非简单地"感知"时,会发生什么呢? 我们需要具备怎样的条件才能实现**感受**,而不仅仅只是感知呢?

首先，**我们所感受到的一切都与我们的内部状态相对应**。对于我们周围的家具或风景，我们不是在"感受"，而仅仅是在感知。这种感知很容易引发情感反应，并由此产生相应的感受。我们可以**体验**到这些"情感"，甚至可以为它们命名，如**美丽的**风景或者**舒适的**椅子。

但是，从词语的正确意义上来讲，我们"真正"感受到的是自己身体的某部分或整体在每时每刻的运转状况。它们的运转是畅通无阻的还是费劲的呢？我把这些感受称为体内平衡。因为它们作为信息的直接提供者，会告诉我们身体是否在按照体内平衡的需要——也就是说，是否在以一种有益于生命和生存的方式——运转着。

感受之所以存在，是因为神经系统与我们身体有着直接的联系，反之亦然。神经系统可以切实地"触摸"到生物体内部的每一处，**并且**作为回报，它自身也被"触摸"到。生物体内部相对于神经系统所展现出的赤裸，以及神经系统对生物体内部的直接接触都是内感受独特性的一面。"内感受"是特指对我们内脏的内部进行感知的专业术语。内感受不同于我们对肌肉骨骼系统的知觉——**本体感受**，也不同于对外部世界的知觉——**外感受**。显然，我们可以用语言来描述对感受的体验，但我们不需要通过语言作为中介来实现感受。[2]

感受在我们的机体中产生，并由我们的心智所体验。感受对我们施加一种拉拉扯扯的影响，无论是积极的还是消极的，实际上都会对我们产生干扰。它们为什么及如何做到这一点的呢？第一个原因显而易见：它们是"知情人"，可以进入我们身体的内部！帮助我们"制造感受"的神经机制直接与产生感受的事物相互作用。例如，从生病的肾囊中发出的疼痛信号会进入中枢神经系统，并合并成为"肾绞痛"。但是，这一过程并没有就此结束。中枢神经系统会对患病的肾囊做出反应，并调节疼痛的持续性，而且该系统甚至有可能会中断这种疼痛。发生在这个区域的其他事件——如局部炎症——会产生它们自己的信号并形成体验。整个态势需要人的关注和参与。

刚刚提到的肾绞痛的例子有助于我们阐明这样一种观点，即感受是由复杂的生理学组合在一起的，它不同于生物体用于实现视觉或听觉的生理学。感受往往对应于一系列可能性，而不是精确且稳定地确定出一个特定的外在特征，如特定的形状或声音。感受描绘了音阶的某些**特性**及其在音调和强度上的**变化**。打个比方，感受并不是外部事物的简单快照；感受记录了整个演出和后台活动，并且它记录的不仅仅是表面，还有表面背后的内容。

感觉是互动的感知。与视觉感知（典型的感知例子）相比，感受是**非传统**的。感受收集"生物体内"甚至"生物体内的物质之内"的信号，而不仅仅只收集生物体周围的信号。感受描绘了发生在我们体内的行为及其后果，让我们得以一窥参与这些行为的内脏。难怪感受会对我们产生一种特殊的力量。

内部器官和系统的运作在神经系统中逐渐体现：首先体现在其周围神经组分中，然后是在中枢神经系统（如脑干）的核中，最后是在大脑皮层中。但是,身体部位和神经之间存在着一种密切的合作。身体和神经系统仍然是相互作用的伙伴,而不是分开的"模型"和"描述"。最终被描绘的既不是纯粹的神经,也不是纯粹的身体。它来自一种对话,来自身体化学和神经元生物电活动之间的动态交换。让问题变得更加复杂的是,在任何时候,一种情绪反应(如恐惧或喜悦)都会在某些内脏(情绪过程的主要行为体)中引发新的变化,并因此催生出一套/组新的内脏状态和一套/组新的脑-身体伙伴关系。这种情绪反应改变了机体,进而改变了通过身体-脑伙伴关系所描绘的内容。结果是,产生了一种新的感受(此时部分是"情绪性的",而非纯粹的"体内平衡")和一组新的情感状态。情绪就是这种动态持续了很长一段时间的结果,它们是我们以"热情"或"倦怠"的姿态迈入新一天的根源所在,也是不同程度的兴奋/觉醒和迟钝/困倦的根源所在。

下面的定义将使上述描述更加清楚。

体内平衡:正如我们前面所看到的,体内平衡是将生物体的生理参数(例如,温度、pH值、营养水平和内脏活动)维持在最有利于其展现最佳功能和生存的范围。(与之相关但截然不同的术语"应变稳态"指的是生物体在力图恢复体内平衡时所用的机制。)3

情感:由感知事件触发的,同时发生且自然而然的内在行为(例如,平滑肌收缩、心率变化、呼吸、荷尔蒙分泌、面部表情和身体姿势)构成的集合。情感行为通常旨在支持体内平衡。例如,(用恐惧或愤怒)应对威胁或(用喜悦)发出成功状态的信号。当我们从记忆中回忆事件时,我们也会产生情感。

感受:伴随生物体内平衡的各种状态而产生的心理体验,包括基本感受(如饥饿、口渴、疼痛或快乐等**体内平衡感**)或由情感激发的感受(如恐惧、愤怒和快乐等**情感性感受**)。[4]

无论你的心智中有什么样的"精确"内容,如风景、家具、声音和想法等,它们必然**与情感一起**来体验。你感知或记忆的东西,你试图通过推理以理解的东西,你发明或想要与之进行交流的东西,你采取的行动,你学习和回忆的东西,以及由物体、行为及其抽象组成的精神世界,所有这些形态各异的过程**都能在其逐渐呈现时产生情感反应**。我们可以把情感看成是我们的想法在感受中转化的世界。用音乐的术语来理解感受也有帮助——感受就像一曲伴随我们思想和行为的乐谱。

没有感受的、"精确"的心智内容以独特的方式流动,并在情感过程中形成轮廓,有点像动画背景下表演的小雕像。但这些精确内容往往会与情感过程相互作用。在任何时候,"精确内容"剧团中的单个或多个演员都有可能通过激发出新的情感并产生相应的感受来成功地抢尽节目的风头,并使节目变得"与众不同"。接下来,即兴创作出来的乐谱会出现一些有趣的变奏,旋律有序不乱。反之亦然,这一点让各种事情变得真正有吸引力:情感可以改变体验精确内容时的方式。情感可以改变意象在心智中停留的时间,以及心智感知它们的优良程度。从精确内容和情感两个方面的构建方式上讲,生物体采取了截然不同的模式,而它们之间是完全互动的。我们应该庆祝情感赋予我们的富有和混乱。

◇
——

生物效率与感受的起源

效率这一概念听起来像是人们为了描述现代世界而发明的,但对于描述数十亿年前的早期生命及其在能源消耗方面的成功运转同样适用,并且简单而有效。效率是由体内平衡来控制的,并经由自然选择变得更加成功。对体内平衡的顺从程度决定了能量消耗的多少,这是一个古老的生命把戏,而不是新发展出来的。一直以来,细菌在效率利用方面卓有成效。细菌与人类之间还有许多无心智却很成功的物种也擅于利用效率。

接着,在自然历史的进程中,感受还同时肩负起为善治提供指导的责任,这是多么有趣啊。**这**是怎么发生的呢?出发点一定是使效率和生存与某些物理和化学参数保持一致,并使功能紊乱和死亡与其他某些参数一致。几乎可以肯定的是,柏拉图式的"至善形式"将出现在支撑和繁荣生命的物理学中,这一观点无可非议。[1]但在我看来,现在有了量更多、质更优的选择,使生命朝着有利的方向发展,这种选择显著地超过对痛苦和磨难的选择。这一点得益于感受,而感受实际上又源于意识。**所有的**感受都是有意识的,不愉快的感受意味着出现了阻碍和危及生命的状况,而愉快的感受则表明出现了有助于生命繁荣的态势。如果没有感受/意识,使生命呈现蓬勃生机的机制就不会获得如此具有压倒性优势的青睐。意识的存在从根本上改变了各种事物的境况。对于有意识的感受所明显倾向的偏好,或许只有魔鬼才能改变它们吧。

人们用感受这种语言,将体内平衡、效率和各种各样的幸福在高级层面联系起来,并通过自然选择而流行起来。这一过程是在神经系统的主持下完成的。

◇

基础感受(一)

我们人类体验到的感受可能只是在复杂的神经系统进化崛起之后才真正开始的,后者能够产生详细的感官映像和意象。由此形成的原始感受是人类今天所能体验到的复杂感受的重要基石。

感官映像和意象是复杂感受的一部分,包含在有关生物体内部状态的持续心流事实之中。这种信息角色是感受的主要贡献,但感受还有另一个作用:它们提供冲动和激励,促使人们根据自己掌握的信息展开行动,并做出最适合当前态势的事情,比如,寻找掩护或者拥抱你错过的人。

◇

基础感受(二)

生物体内部自发的化学活动旨在根据体内平衡的规则来调节生命。这种活动自然倾向于达到与生存和正能量平衡相容的操作范围,但其成功程度随生物体和形势而变化。因此,一个特定生物体内的化学活动特征代表着其在试图确保体内平衡和生存的过程中成功或失败的程度。这些特征组成了关于正在运行的生命过程的自然评价。

感受之所以如此是因为生命调节的成功或失败的"程度"与我们所体验到的各种积极或消极的感受之间存在着明显的、原则上的一致性。我们心理体验的情感部分反映了我们的生物过程的概况。

感受最早的生理来源是生物体内部的综合化学特征。这种分子水平的来源很可能在神经系统出现之前就已经在进化过程中出现了。但这并不是说,没有神经系统的简单生物体可能(或已经)从体验感受开始就具备心理体验能力。感受反映了一种化学调节过程,没有这一*初始*条件,它们就不可能产生。除此之外,还必须满足另一个条件,即身体化学与神经系统中神经元的生物电活动之间的

对话。调节性化学分子引发了感受过程,但并不能独自完成这一

过程。

◇

基础感受(三)

也许我们现在已经准备好跳进俄耳甫斯的深渊并坠入感受的地狱了。我之前讲过,感受起源于我们内部的有机化学反应,但感受究竟是如何产生的? 又是在哪里产生的呢?

更深层次的感受过程涉及化学机制,它负责不同路径上整个范围的体内平衡调节。感受所表达的价值——也称为感受的效价——由质量和强度两个要素构成,二者之下是分子、受体和行为。

这支化学乐队的工作方式令人叹为观止。特定的分子作用于特定的受体并产生特定的行为。这些行为是为了维持生命而进行的艰苦斗争的一部分。行为本身是至关重要的,但它们所隶属的、负责管理特定生物体生命的整体动力学也非常重要。这一点很容易理解。但不那么浅显易懂的是,由分子和受体发挥自身作用产生的行为如何帮助我们在主观体验中解释感受在我们体内引起的"刺激",而要弄明白感受的"质量"就更难上加难了。

当我们试图回答上述问题时,回想一下下列事实是有帮助的:我们对外部世界中物体或行为的简单感知来自处在生物体外围的神经探针,而感受则来自我们内心的深处,并不只局限于一个区域。帮助我们看清东西的视网膜映像和帮助我们去触摸的皮肤小体实现了探测和描述的奇迹,但它们都与我们的生命毫不相干。对于我们在维持生命过程中经历的苦难和获得的荣耀,它们不会立即参与其中,但感受会。

因为感受/感知的实际**对象**不是别的,正是生物体本身的一部分,这个对象实际上**位于主体(感知者)内部**。令人吃惊!我们的视觉或听觉等外部感知与之并没有可比性。视觉或听觉所感知的对象不会与我们的身体开展交流。我们看到的风景或听到的歌曲都**不会**与我们的身体有接触,更不用说进入身体内部了。它们存在于一个物理意义上独立的空间中。

感受的情况则完全不同。因为我们感受/感知到的客体和主体存在于同一个生物体中,**它们可以相互作用**。中枢神经系统可以改变产生特殊感受的身体状态,并以此来调整被感受的事物。**这是一个非同寻常的设置,在外部感知的世界里没有可与之相媲美的东西**。当你在观察一个事物的过程中,你可能想要对其加以调整;当你在对一个特定意象深思熟虑时,你甚至有可能想要对它进行美化。遗憾的是,想要**真正**做到这些也只有在你的想象中进行了。[1]

可以从三个方面区分感受的现实干扰:我们身体内部行为的不断刺激、这些行为随后在同一生物体内广泛且多级的神经映像中的反映、这些映像与不同的身体部位和行为之间紧密相连的事实。这些映像是各种"丰富多彩的"感受的主要来源。它们产生了生物体能体验到的各种**效价**：积极或消极的，舒适或不适的，令人愉快或不愉快的。

身体会产生变化多端的行为，比如，肌肉纤维的放松、特定器官的收缩和绞窄，或者身体内部及骨骼部分的实际活动。正如连续且差异越来越大的映像所反映的那样，舒适和放松的整体特征有助于产生那些我们用**幸福**和**快乐**等术语命名的感受，而收缩和绞窄模式则产生了我们所称的**不适**和**不安**。最后，当局部拉伤的肌肉或伤口形成详细且互动的映像时，我们就会产生被人们称为**疼痛**的极度不适感。

一个特定的生物体所感受到的快乐和痛苦始于比器官和肌肉更深的地方。它们从分子和受体开始，而这些分子和受体的行为改变了特定生物体中的组织、器官和系统。它们会在其中一些分子作用于神经网络——这些神经网络可处理身体产生的信号——的地方继续发挥作用。

基础感受(四)

我们刚刚了解了神经系统是如何置于身体**之内**的,以及身体和神经系统是如何在不借助媒介的情况下直接相互作用的。另一方面,神经系统与生物体外部的世界是**分离的**;它通过视觉和听觉等感官过程描绘外部世界,这些感官过程稳固地植根于身体内,并以身体作为媒介。

当我们说我们"表征"或"映射"周围世界的物体时,"映射"概念就引入了"映像"和"所映射的事物"之间的距离,这是合情合理的。映像与物体之间往往存在一个鸿沟,就像几分钟前,我走到阳台上,看着太阳在圣莫尼卡山脉后面落下,并看到了随之而来的红色霞光。

当我们将映射这一概念与自己的身体和感受的形成联系起来时,我们一定要谨慎,因为在这一观点里,映像就好像是身体结构和状态的纯粹"反映"或"描述",这其实是另一种关于超然感知的例子。我们的感受根本不是超然的。实际上,感受和感受到的事物之间几乎没有距离。因为身体结构和神经系统之间存在着特殊且亲密的交互机制,感受与我们感受到的事物和事件常常交织在一起。

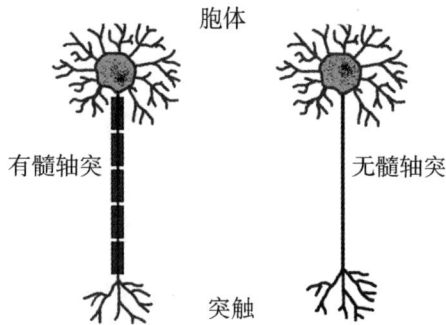

有髓轴突和无髓轴突。无髓轴突没有绝缘

反过来,这种亲密关系本身就是负责从身体向神经系统(即**内感受系统**)传递信号的系统的独特性产物。[1]

内感受的第一个特性是,在大多数内感受神经元中普遍缺乏髓鞘绝缘。典型的神经元有一个**胞体**和一个**轴突**,后者是连接**突触**的"缆绳"。接着,突触与下一个神经元接触,允许或阻止其活动。结果是神经元被激活或沉默。

髓鞘充当轴突缆绳的绝缘体,防止外来的化学物质和生物电接触。然而,在髓鞘缺失的情况下,轴突周围的分子与轴突相互作用,改变它的放电电位。此外,其他神经元可以沿着轴突而不是在神经元的突触处建立联系,继而产生所谓的**非突触信令**。**从神经学上讲**,这些操作**并不是纯粹的**,它们并没有真正脱离宿主的身体。相比之下,带有髓鞘的轴突的优势使神经元及其网络免受它们周围环境的影响。

内感受的第二个特性是缺乏通常能将神经系统和血流分离开来的屏障。这种屏障被称为血脑屏障(与中枢神经系统相关)或血

神经屏障(就外周神经系统而言)。在与内感受过程相关的脑区(如脊髓和脑干神经节),这种屏障的缺失表现得尤为明显。在这些区域,可循环使用的分子可以与神经元的胞体直接接触。

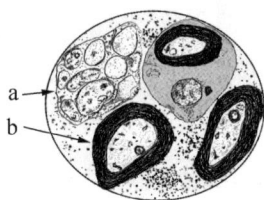

无髓轴突a和有髓轴突b的主神经横截面

这些特性所产生的结果是非常显著的。髓鞘绝缘和血脑屏障的缺乏使得**来自身体的信号可以直接与神经信号相互作用**。在任何情况下,我们都不能将内感受视为身体在神经系统内部的一种简单的感知表征。相反,那里汇集着各种各样的信号。

◆
基础感受(五)

目前,我们应该清楚了感受的来源。感受产生于生物体的内部,即内脏和体液的深处。体液主要以维持各项生命活动的化学成分为主。我要讨论的是负责新陈代谢和机体免疫的内分泌系统、免疫系统和循环系统的运作。

那感受的"功能"呢？在人文历史甚至科学史中,感受的功能似乎神秘莫测,但问题的答案显然是:感受有助于生命管理。更确切地说,感受发挥的是警戒哨兵的作用。它们**能让心智**——前提是有心智——**了解其所在生物体内部的生命状态**。此外,**感受还能赋予心智行动的动力,让心智根据其信息的积极或消极信号做出反应**。

感受能收集与生物体内部生命状态相关的信息,情感所表现出来的"品质和强度"构成了管理生命过程的**价值**。它们直接体现了我们体内生命事业的成功或失败程度。活着是一场艰苦的斗争,而我们的身体要参与复杂且多中心化的努力过程,才能保证存活且强健。生命力强健的表现是"丰富"且"蓬勃",平衡的生命过程寓意"幸福"。从另一方面来说,"身体不适""心神不安"和"疼痛"则预示着生命管理过程的失败。

作为生物,我们所面临的这种戏剧性状况,关乎我们机体内连贯性与凝聚性的维持状态。此刻,我周围无生命物体的连贯性与凝聚性对这些物体或对我而言都不是什么问题。这些物体大致都会一直保持原来的状态,除非我决定拿起一把斧头砍向我正在那儿写作的书桌,或者我坐着的椅子,或者我周围的书架和书本。但我的生命和其赋予生命的生物体却并非如此。我要为它们供给早餐和午餐,我需要让身体保持在一个温和的环境中,需要预防或避免疾病,或者在我患病时立即治疗它。我甚至还要与周围的人保持并发展健康的社会关系,这样社交环境才不会影响我的内部状态,不会扰乱我保持体内平衡所必需的生命管理过程。[1]

感受产生于我们可调节且充满活力的生物体内部,它既是**定性的**,也是**定量的**。感受有**效价**——一种质量排序,可以使它们发出的警告和提供的建议值得我们付出努力,同时也能激励我们在需要时采取行动。当我体验到体内平衡感——当某些生理特征占据主导地位时反映出对我体内评估情况的·种状态——就会直接了解有关我的生命状态的情况。**同时**,这种体验的负效价或正效价会建议我要么改变现状,要么接受现状,什么也不做。这种状态让我立即行动起来,或者享受这一过程。

思考一下,我在观察周围的物体、聆听周围的声音、接触某个物体和观察其他生物体时,这种状态会有什么不同?无论哪种情况,我都是信息的接收者。我仍然可以"知晓"有关这些物体或生物体的存在及它们自身特点的信息,但现在这些信息的源头是外部世界及处于其中的物体和生物体。我收到的信息是与外部性相关的内容,而非我看到、听到或接触到的实体的内在情况。感知距离将我与这些实体分隔开,且它们**并不在我的机体内**。

基础感受(六)

　　像饥饿和口渴这些感受很明显地表现了能量来源或理想水分子数量的减少。值得庆幸的是,这两种减少都与生命的延续不相容,更不用说健康的生命了。感受能做的不只是提供有价值的信息,它们还会驱使我们根据这些信息采取行动,即感受激发了我们的行为。

　　感受过程背后的轨迹非常清晰,数量庞大的基本微信息从身体组织和器官进入血液循环,再从血液进入神经系统,或者直接进入身体组织和器官内的神经末梢。一旦这些信号到达中枢神经系统(比如,在脊髓和脑干中),它们将会通过多种可能的路径,通向不同的神经中心,使感受过程得到进一步增强。最终,这些复杂的信号传递轨迹会产生富有信息的心理意象,诸如口干舌燥、肚子咕咕叫或因缺少能量而表现出的虚弱等,这些意象是麻烦出现的指示器。同时,还伴随着忧虑及不适—— 一种情绪状态,这又反过来会刺激生物体以纠正行为的方式做出反应。

　　许多由感受促进或要求的反应是自动执行的,不需要任何理性的干预。我前面间接提到的极端例子可以在呼吸和排尿过程中找到。在严重的哮喘或肺炎中出现的气流减少或中断,会自动伴随一种"缺氧"——一个字面意义上的精确术语——的严重状态,以及它在受害者和目击者中引起的警报。膀胱充盈引起的排尿需求不如缺氧表现得那么强烈,甚至常被人们当作一种笑料,但它同样也是一种体内平衡危机——被转换为各种强有力的情绪表达,体现为一种势在必行、不可避免的冲动——的例子。[1]

简言之,自然为我们提供了火警警报器、消防车,以及医疗设施。而且,有关中枢神经系统控制免疫反应的最新发现表明,自然一直在完善这一策略。控制过程发生在间脑,它是中枢神经系统的一部分,位于大脑皮层下方,以及脑干和脊髓上方。其中,负责这种免疫控制的区域被称为下丘脑,它善于协调内分泌系统,该系统负责全身绝大多数激素的分泌。最新发现表明,下丘脑指挥脾脏产生抗体,以对抗某些感染因子。换句话说,免疫系统与神经系统协同工作,促进体内平衡,而无须向我们这些假定能有意识地控制自己命运的生物求助。

感受过程的最高级神经实例——岛叶皮层——与胃黏膜神经支配之间的联系也同样有趣。我们都知道,胃溃疡是由特定的细菌直接引起的,但人的情绪调节是影响这种细菌诱发胃溃疡的一种因素。

◈

基础感受(七)

当我们问自己体内平衡的感受始于何处时,第一个比较合理的答案是它始于那些能展示与某些生理参数相对应的有利或不利生命状态的分子所构成的集合。这些生理参数包括:(a)能量正平衡或负平衡;(b)有无炎症、感染或免疫反应;(c)动机和目标是否和谐。

上面涉及的关键分子包含的范围很广,包括阿片、血清素、多巴胺、肾上腺素、去甲肾上腺素及P物质,它们都在该领域发挥着重要作用。其中一些分子的存在历史几乎和生命体一样长久,而且**不需要神经系统的参与就可以在许多生物体内发挥作用**。遗憾的是,它们被人们称作"神经递质"。这一称呼并不恰当,因为它们最初是用来描述有脑生物的。不过,这些分子一旦释放,其作用并不一定会消失。它们使身体系统的运转发生改变,而这些改变经内感受转化进而影响中枢神经系统,再次改变当下的心理体验。该过程通过遍布身体组织——皮肤、胸腔,以及腹腔的内脏和血管——的神经纤维末梢,以及通过深入脊神经节、三叉神经节和脊髓的神经末梢来完成。从那里,神经元可以向脑干核(臂旁核和导水管周围灰质)、杏仁核及基底前脑核发出信号。信号最终会到达脑岛和扣带区的大脑皮层。

并非所有的体内平衡感都是坏消息或危险的预兆。当生物体在自身正常运转所需和所得的良好平衡状态下发挥作用时,当气候环境怡人时,当我们在社会环境中放松下来而不是引起冲突时,主要的体内平衡感就是**幸福**,并以各种形式和强度表现出来。幸福可以表现得如此充分且集中,以至于上升到愉悦的体验。同样,在消极的体内平衡感世界里,不安集中到一定的强烈程度就变成了**疼痛**。

疼痛的体内平衡感呈现一种自动诊断机制:活体组织的某些部位已经发生损伤,或者如果不快速采取补救措施,损伤将会发生。这种损伤必须减轻或消除。P物质在这一疼痛过程中发挥着至关重要的作用,而皮质醇和糖皮质激素的分泌则是对导致疼痛的损伤做出响应的一部分。[1]

◇

社会文化背景下的体内平衡感

　　我们很清楚疾病是如何直接产生不适和疼痛的,以及充满活力的健康又是如何直接产生愉悦的。但我们往往会忽略这样一个事实,即心理状况和社会文化状况也会通过产生疼痛或愉悦、不适或幸福的方式来获取体内平衡机制。在坚定不移地推动经济发展的过程中,自然可没有为应对我们个人心理或社会状况的好坏而创造新"装置"劳心。自然采用了相同的机制。剧作家、小说家和哲学家很早就知道了这个事实,但这一事实仍没有得到重视,也许是因为相较于处理医学机制的复杂及严苛,涉及社会和文化等事情的运作方式往往更模糊。不过,在社会生活中,社会耻辱感带来的痛苦堪比癌症肆虐时产生的病痛,背叛的感觉就像被利刃刺伤了一样,而来自社会崇拜的愉悦,无论好坏,都会令人极度兴奋。[1]

◇

但这种感受并不纯粹是心理上的

"但这种感受并不纯粹是心理上的"(But this feeling isn't purely mental)这句歌词来自歌曲《我不跳舞》(I Won't Dance)。这首歌由克恩(Jerome Kern)作词,经阿斯泰尔(Fred Astaire)、西纳特拉(Frank Sinatra)和菲茨杰拉德(Ella Fitzgerald)演唱后广为流传。而它的成功很大程度上来自菲尔茨(Dorothy Fields)和麦克休(Jimmy McHugh)为此歌修订的歌词。"但这种感受并不纯粹是心理上的"后面紧跟的是"愿上帝让我们安息,我不是石棉"(For Heaven rest us, I'm not asbestos)。这句歌词想表达的俏皮寓意是,当男主角与心爱之人共舞时,他注意到,爱不仅存在于心中,也体现在兴奋的身体上。他不是石棉做的,而是有血有肉的人,会对亲密和浪漫做出**生理上的**反应! 他感到很尴尬,所以将不再跳舞了。

有时大众的智慧比费时费力的科学更有效。这些感受并不纯粹是心理上的,而是身心的混合体。它们很轻松地从心智转移到身体上,再从身体转移到心智中,从而扰乱了内心的平静。这就是这首歌要表达的观点,同样也是我在本篇想要陈述的观点。我需要补充的只有一点,那就是感受的力量源于这样一个事实,即感受存在于**有意识的心智**中:从技术上讲,我们有感受是因为心智有意识,而我们有意识是因为我们有感受! 我并没有玩文字游戏,只是在陈述看似自相矛盾实则非常真实的事实。无论过去还是现在,感受都是一种称之为意识的冒险之旅的开端。

第四篇

关于意识与认知

◈

意识为何成为当下的热门话题

你可能会好奇,为何当今有这么多哲学家和科学家在撰写与意识有关的文章,为什么这一最近才在科学文献(更不用说大众)中凸显的话题,当下却成为学术领域的主导性研究课题,并成为人们好奇的对象。答案很简单:意识非常重要,而且公众已经认识到了这一点。

意识的重要性源自它直接给人类心智带来的东西,以及它随后允许心智去发现的东西。意识能让人产生各种心理体验,从喜悦到疼痛,还有我们在观察、思考和推理过程中描述外部世界,以及内在世界时感知、记忆、回忆和掌控的林林总总。如果把意识成分从我们持续的心理状态中移除,我们的心智中还会有意象在流动,但这些意象却与我们作为单独的个体无关了。你、我,还有其他人,都不再拥有这些意象,它们将自由流动。没人知道它们属于谁。西绪福斯(Sisyphus)就行。他之所以是一个悲剧人物,只是因为他知道自己陷入了可恶的困境。

没有意识就不会有**认知**。意识曾是人类文化兴起过程中不可或缺的要素,在改变人类历史的进程中起到了推进作用。意识的重要性再怎么强调也不过分。与此同时,意识如何产生? 人们很容易夸大理解这一问题的困难,并将其宣传为不可思议的奥秘。

既然所有脊椎动物和许多无脊椎动物很可能也被赋予了意识,为什么我要写关于**人类**意识的重要性呢? 难道意识对前二者来说就没有意义吗? 当然是有意义的,而且我并没有忽视非人类生物的能力和重要性,只是单纯地把下述事实放在了首要位置:

(1)人类对痛苦和苦难的体验造就了非凡的创造力,这种创造力具有专注力和强迫性,使人类发明了各种各样的工具,从而应对创造周期启动时的负面情绪。

(2)有意识的幸福和快乐激发了无数种方式,使人类确保获得并改善对个人独自生活和社会生活都有利的条件。

除了极少数但值得注意的个例之外,非人类物种也会对疼痛或幸福做出同样的反应,但方式比人类更简单直接。例如,可以肯定的是,非人类物种已经能成功地回避或缓解造成疼痛和痛苦的因素,但还不能改变疼痛和痛苦的来源。意识对人类的影响范围显然要更大。请注意,这并不是因为人类意识的核心机制不同(我认为不是),而是因为人类的智能资源要广泛得多。这些数量更为庞大的智能资源让人类通过发明新的事物,产生新的行动和想法——这些都已转化为各种文化创造——来对痛苦或快乐这两种极端体验做出反应。[1]

在这幅全景图中，似乎有一些例外。一小部分"群居类"昆虫已经成功地集聚了一系列复杂的"创造性"反应。统一起来看，这些反应的确符合我们通常所讲的"文化"概念。蜜蜂、蚂蚁，以及有序的城市风格和它们精心建造的"城市"的文明都是此类例子。蜜蜂和蚂蚁是否会因为个头太小、太弱而没有意识或不具备意识驱动的创造力呢？根本不是这样。我怀疑它们的驱动力来自其体验到的有意识的感受。蜜蜂和蚂蚁的大多数行为都不是很灵活，这限制了它们在文化壮举上的进化。一种礼貌的说法是，它们在很大程度上是"固化的"，而不是进化的。但这并不会减少我们对这些发展是如何在10万年前发生的，以及意识可能在其中扮演的角色的惊讶。

就人类意识的特殊影响来说，另一个比较符合要求的条件与某些哺乳动物在其他同类死亡面前做出反应的方式有关，大象的葬礼就是个例子。毫无疑问，通过观察亲属的痛苦和死亡所造成的结局而意识到自己的痛苦，从而形成了这种反应。与人类相比，这种差异在于反应的规模，以及反应构建过程中所表现出的复杂性和效能程度。这些例外通常支持这样一个观点，即反应的差异与物种的智能水平有关，而与特定物种的意识特点无关。

意识产生反应的有效性在很大程度上是否源于感受的积极层面或消极层面？来自感受的正效价或负效价？这些询问合情合理。疼痛、痛苦，以及对死亡的认识都具有特别强大的力量，而且我认为它们比幸福和愉悦的力量还要强大。在这方面，我怀疑宗教是围绕这一悟见而发展的,尤其是亚伯拉罕宗教和佛教。在某种程度上,从历史和进化的角度来看,意识是一种禁果,一旦吃了它,人就容易受到痛苦和折磨,最终暴露在与死亡的悲剧冲突中。这一观点与意识是经由感受在进化过程中引入的这一想法密切相容,能提供帮助的是任意感受,而消极感受尤甚。

众所周知,作为悲剧的来源,死亡这个主题经常出现在有关《圣经》的叙事和希腊剧院中,直至今日它仍出现在各种艺术创作中。奥登(W. H. Auden)的一首诗就表达了这一观点。在这首诗里,他把人类比作筋疲力尽但仍具反抗精神的角斗士。这些角斗士向一位暴君乞求道:"我们这些注定要死之人想要一个奇迹。"奥登在这句话中用的是"**想要**"(demand),而不是"**需要**"(require)或"**请求**"(request),这无疑是一个已走投无路的诗人的明示,他绝望地注视着人类个体不可避免的崩溃。奥登已经意识到"没有什么可以拯救我们",这个结论并非奥登的原创,它已经成为许多宗教和哲学体系的创始故事,仍然引导着世界各地的"凡夫俗子"遵从教会的建议,帮他们摆脱尘世的苦。[2]

不过,纯粹的、没有一点愉悦指望的疼痛会让人想逃避,而不是对幸福的追求。最终,我们成了疼痛和愉悦的傀儡,偶尔借由我们的创造力获得自由。

◇

自然意识

"意识"(consciousness)一词并没有一个公认的准确定义,它有多重含义。从语言学的角度来讲,这是有点麻烦的。莎士比亚(Shakespeare)生活的那个年代甚至都没有这个新兴的英语词汇,在罗曼语中也没有与"意识"直接对应的词汇,而在法语、意大利语、葡萄牙语和西班牙语中,如果想要表达"意识"的含义,必须借助"良知"(conscience)这个对等词,而且还要借助背景信息,阐释清楚说话人究竟想要表达的是"良知"的哪一方面的含义。[1]

在意识的多种含义中,有些含义与观察者或使用者的视角有关。哲学家、心理学家、生物学家或社会学家看待意识的方式大不相同。普通人也是如此。他们日夜都能听到"自己意识里"存在或不存在某些问题;他们一定会好奇意识是不是博学的标签,用来表征清醒或专心,或只是单纯具有心智。不过,"意识"一词的**根本含义**悄悄隐藏在了它的文化包袱之下,尽管当代神经学家、生物学家、心理学家或哲学家看待与解释意识现象的方法和方式多种多样,但他们都能认识到"意识"的这一含义。对他们所有人来说,"意识"往往是**心理体验**的同义词。那什么是心理体验呢？它是涵盖了两种显著且具有相关性特征的**心智**状态：心理体验所表现出的心理内容是可以**感受**到的，而且这些心理内容采用了单一的**视角**。进一步的分析表明，这种独特的视角是拥有心智的特定生物体才具备的。发现"生物体视角""自我"和"主体"这三类概念之间存在共同特征的读者是不会错的。当他们意识到"自我""主体"和"生物体视角"对应的是一些相当有形的东西（即"所有权"实在）时，他们也将不会出错。"生物体有其独特的心智"，而心智则属于其特定的生物体。我们——我、你及任何属于意识实体的人——都拥有一个由有意识的心智所支配的生物体。

为了让这些思考尽可能透明一些，我们要搞清楚几个术语的含义：**心智**、**视角**和**感受**。在早期的定义中，**心智**是指意象主动产生并展现的一种方式，这些意象源于实际感知，或记忆存储，或二者兼有。这些意象构成了永不停息的心流，同时正如它们所做的那样，描绘着各种行为主体和客体、各种行为和关系，以及各种经过或不经过符号转换的特征。各种意象——视觉的、听觉的、触觉的、文字的，等等——单独或组合在一起都是知识的天然载体，它们**传播知识**，并明确地表达知识。

视角指的是"观点"（point of view），毫无疑问，当我使用"观点"这个词时，并非只表示视觉（vision）的含义。盲人的意识中也有视角，但这和视力无关。我用观点一词想表达的是更具一般性的含义：**我**认为，它不仅与所见有关，还会涉及所闻和所触。更重要的是,它甚至与我对自己身体的感知有一定的关系。我所说的视角是有意识的心智的"拥有者"。换句话说,它对应于生物体所持有的观点,即当它在相同生物体中发挥作用时,**其自身心智中流动着的意象所展现的观点**。

不过,在探索视角的起源上,我们可以稍微再前进一小步。相对我们周围的世界而言,大多数生物体的标准视角很大程度上都是从它们的**头部**大致明确的。这样做的部分原因在于,感觉器官——视觉器官、听觉器官、嗅觉器官、味觉器官,甚至是平衡器官——都置于身体的顶端(前端)。当然,我们这些高级动物也知道,脑就位于头部!

奇怪的是,相对于我们体内的世界而言,视角是由明确揭示身心之间自然联系的感受提供的。感受让脑不用问任何问题就能自动地知道,心智和身体是绑在一起的,彼此属于对方。**传统观念认为,肉体和心理现象之间一直存在着空白,而感受的存在自然地填补了这一空白。**

关于意识背景下的感受我们还需要说些什么呢?我们需要断定的是,自我参照并不是感受的可选性特征,而是一种起决定作用的、不可或缺的特征。我们还可以更进一步明确的是,可以宣称感受是标准意识的基础组成部分。

如果因为感受的一连串意义而分了神,我们还要回想起的一点是,所有感受存在的目的都是反映身体内部的生命状态,无论这种状态是自发形成的，还是受情绪影响而发生了改变的。这完全适用于参与意识形成过程的所有感受。

　　总的来说，感受一直存在于心智中，而且是构成意识不可或缺的一部分。它有两个来源，一个是身体内部永不停息的生命运转，这不可避免地反映了身体状态的起起伏伏——幸福、不适、饥饿、缺氧、口渴、疼痛、欲望和愉悦。正如我们之前看到的，这些都是"体内平衡感"的例子。另一个来源则是由心理内容经常触发的一系列或强或弱的情绪反应，如随时都会找上门的恐惧、快乐和愤怒。它们在心理层面的表达被称为"情绪感受"，是构成内部叙事的多媒体加工过程的一部分。感受源源不断地由这两种机制产生，同时也成为这些内部叙事的一部分。不过，感受一开始就是意识形成过程的工具。事实上，各种各样的体内平衡感有助于构建我们存在的新起点。2

　　因此，意识是一种**特殊的心智状态**，是由多种心理事件共同作用的生物过程所导致的。身体内部的操作通过内感受神经系统发出指令，产生**感受成分**，而中枢神经系统内的其他操作则会产生描述生物体周围环境及其肌肉骨骼框架的意象。这些贡献因素以一种严格的方式汇聚在一起，产生了一些相当复杂但又完美而自然的事物：**生物体在理解自身内部世界及周围世界这个奇迹中的奇迹时，每时每刻都获得了无所不包的心理体验**。意识过程以心理术语的表达方式对待生物体的生命，并将其定位在其自身的物理边界内。心智和身体都被赋予了这个整体的共同财产，而且名正言顺，它们无休止地庆祝自己的好运或厄运，直到"安眠"。

意识的问题

在普通生物学、神经生物学、神经心理学、认知科学和语言学的协助下,心理学的不同分支于阐释感知、学习与记忆、注意力、推理及语言方面都取得了显著的进步。同时,这些分支在情感——包括驱动力、动机、情绪、感受——和社会行为的理解方面也取得了重大的进展。

无论是从公共表现还是从主观视角来看,这些功能中任何一个背后的生物结构或过程都是不透明的。要推进这些五花八门的问题的科学进程,需要付出努力,需要发明创造,同时还需要汇集各种理论成果和实验方法。因此,我们惊讶地发现,人们一直在探讨意识,好像它是独立的,而且被赋予了特殊的地位——意识是一个独特的问题,不仅很难处理,而且无法解决。一些以意识为研究主题的作者通过提出"泛心主义"的极端提议,试图打破这个僵局。泛心论者在谈论意识和心智的时候,好像觉得二者是可以互换的,这种观点很有问题。更有问题的是,他们认为心智和意识是普遍存在的现象,存在于所有生物中,是生命状态不可或缺的一部分。仔细想一下,所有的单细胞生物和植物也都有它们各自的意识。那为什么要局限于生物呢？其实,有些泛心论者认为,甚至连宇宙和其中所有的石头都是有意识和心智的。[1]

这些提议被推出的原因与一个不合理的立场有关,即那些在理解心智的其他方面奏效的观点不足以解决意识的问题。我还没有看到有证据能证实这种情况。普通生物学、神经生物学、心理学和心灵哲学都包含用于解决意识问题的必要手段,甚至在解决心智结构本身更深层的潜在问题方面也大有裨益。而且,物理学的介入对此也有帮助。

意识研究的一个重要问题就是当今普遍所知的"意识难题",这一概念是哲学家查尔莫斯(David Chalmers)在他的文献中提出的。[2]用他自己的话说,该难题的一个重要方面在于"脑中的物理过程为什么及如何产生意识体验"。

简言之,该难题涉及解释脑这种生理化学器官——由(数十亿个)称为神经元的**实体**组成,并由(数万亿个)突触相互连接——是如何产生**心理状态**的不可能性,更别提解释如何产生**有意识的**心理状态了。脑是怎样产生与具体个体有可靠联系的心理状态的？而且这些由脑产生的状态如何才能**感觉像**哲学家内格尔(Thomas Nagel)所认为的**那样**呢？[3]

不过,该难题在生物学层面的表达方式并不可靠。询问"脑中"的物理过程为什么会产生意识,这是一个错误的问题。虽然脑是意识形成过程中不可或缺的一部分,但并没有任何证据表明脑就能独自产生意识。相反，生物体的非神经组织实际上对任何意识时刻的产生都有重要贡献，而且一定是该难题解决方案的一部分。这在感受的混合过程中最为常见，我们把它看成是形成有意识的心智的关键因素。4

"我有意识"这个说法想要表达什么意思呢？最容易让人想到的是，在我表达自己有意识这个特定的时刻，我的心智中存在一种认识，它自然而然地会把我当作它的所有者。基本上来讲，这种认识以不同方式涉及**我自身**：我的身体（借助感受，我不断地对自己的身体有或多或少的细节上的了解）；以及事实——我从记忆中回想起来的事实和可能属于（或不属于）知觉时刻并也是我自身不可或缺的一部分的事实。如果把让心智变得有意识看作一场知识盛宴的话，那么这场盛宴的规模取决于有多少尊贵的客人会出席。有些客人不仅是尊贵的，而且是有义务要参加的。让我来列举一下：**(1)与当下我身体运作状况相关的一些知识；(2)从记忆里提取的与我当前是谁、最近是谁、过去很长一段时间内又是谁相关的一些知识。**

认为意识很简单的想法其实是个陷阱，我是不会掉进去的，因为它一点也不简单。低估这么多活动部位和连接点所产生的复杂性不会有任何收获。然而，就意识的心理构成而言，尽管意识很复杂，但它似乎并不是——或者必须保持——神秘的或不可能被弄明白的。

我对我们的机体——我们称为神经的部分,以及那些倾向于忽略/忽视的"身体其余之处"——所策划的这些能产生充满感受的心理状态和自我参照感的过程十分钦佩。但钦佩归钦佩,并不需要为此蒙上神秘的面纱。神秘的想法及我们无法从生物学角度进行解释的观点并不适用。问题终究会找到答案,而谜团最终也会真相大白。尽管如此,还是要对几个相对透明的功能布局形成的组合最终为我们带来的好处充满敬畏。[5]

◇
——

意识的作用是什么

意识的作用是什么呢？这是一个很重要的问题，但很少有人认真地把它提出来。意识无用的观点已经浮现。不过，如果意识真的没有用处，那它还会存在吗？通常来说，在生物进化的过程中，有用的功能会被保留，且会有进一步的发展，而无用的功能则会被淘汰，这就是自然选择的结果。可以肯定的是，意识并非一无是处。

首先，意识帮助生物体控制它们的生命，使之符合生命规律的严格要求。许多先于人类出现的非人类物种都是如此，而人类更是如此。这没什么好惊讶的，毕竟意识的基础之一就是感受，后者的作用就是按照体内平衡的要求协助管理生命。有人可能会说，为了让意识的诞生有其应有的意义，可在进化中确立一个时间顺序——感受只比意识早出现了半步。不夸张地说，感受就是意识的垫脚石。然而，现实情况是，感受的功能价值是与这样一个事实联系在一起的，即它们都明确地指向了其生物体所有者，并存在于其所有者的心智中。感受产生了意识，并将它慷慨地赠予心智的其余部分。

其次，当生物体变得非常复杂的时候——当然是在它们的神经系统能够支持各种心智的时候,意识就变成了**成功管理生命的**一种不可或缺的资产。

就像我们在细菌和植物中看到的那样,独立的生命体在没有心智或意识的情况下也能成功地生存下去。它们存在和维系的问题可以通过一种强大的**无心智能力**悄无声息地来解决。这种能力是心智和意识组合的先行者,有些神秘,也很有智慧。我将这种无意识的能力称为"神秘的",是因为它最终能在没有主观体验的活跃标志下,很好地控制无意识生命体的生命。

但重要的一点是,我们必须注意到,尽管有意识的心智可以显性地产生智能治理模式,但它们也会在需要时得到非显性智能的帮助。生命不可能在无人看管和管理的情况下运行,它需要得到管理。对于良好的生命管理来说,无论是有意识的心智还是非显性的能力,都是必不可少的,但并非所有物种都要具备从无意识智能管理到有意识智能管理的全覆盖。

由于意识将心智和特定的生物体深深地联系在一起,因此它协助心智为该生物体的特殊需要做出紧迫的决定。而且,当生物体能在精神层面描述它们需求的程度并运用知识来回应这些需求时,它们的需求就是征服整个宇宙了。有意识的心智有助于生物体清楚地辨识维持自身生存所需的东西,并在这些需求中摸索前进。通常,意识可能会需要甚至强制要求对确定的需求做出反应,但这取决于所涉及感受的程度。显性知识和理性提供了隐性能力所无法获取的资源,后者受各种各样的隐藏智慧控制,且只对基本的体内平衡做出反应。知识和创造性推理可以为特定的需求带来新奇的反应。

具备有意识的心智的生物体有着显著的优点。为了与它们的智能和创造力水平保持同步,这些生物体的行动领域不断拓宽。它们可以在更加多变的情形下为生活而奋斗,可以面对更多的困难,也有更好的机会克服它们。意识扩展了生物体的生存环境。

拥有强大心理能力的生物体把意识——也就是说,心理能力对身体的所有权——用在了它们要做的各种计算工作和创造性活动中。它们的整个行为过程都受益于意识。与其问我们人类的各种创造性过程为什么应该伴随着意识,不如问在没有意识的情况下,我们的任何一种最佳行为如何才有可能实现,更不用说有用了。

◇

心智和意识不能画等号

　　我花了好些时间才明白，我们讨论意识时遇到的问题，有一部分源自一个严重的困惑。意识是一种独特的心智状态，但人们经常会把"意识"和"心智"当作同义词，认为二者对应同样的过程。如果在这一点上紧抓不放，"误用者-混淆者"可能会迫于压力承认，自己并没有很好地区别这两个词，而且置二者的关键差异于不顾。他们及其支持者都无法想象意识的中心机制是对心智主要过程的**修正**。

　　这种困惑是"组合问题"带来的结果。复杂现象的构成成分很难从掩盖了它们功能的外壳下捕捉到。用"有意识的心智"取代"意识"——就像我在本书副标题中的做法那样——是有意义的，因为"有意识的"限定了"心智"，并提醒人们并非所有的心智状态都必须是有意识的，而且在意识的形成过程中会涉及一些**要素**。

　　我个人认为，意识是一种**丰富的**心智状态，其丰富性在于，**意识把心智的额外因素嵌入到了正在发生的心智过程之中**。这些额外的心智因素与心智的其余部分在很大程度上是同源的，具有一定的意象性。但由于自身的内容，它们可以坚决地声称，**我当下所能体**

验到的所有心理内容都属于我自己，是我拥有的东西，实际上可以在我的机体内呈现出来。这种额外具有一定的**启示性**。

感受最先揭示了心理上的所有权。在经历我们称为疼痛的心理事件时，实际上我能够定位**身体的某个部位**出现了疼痛。事实上，我的心智和身体**都有**这种感受，而且理由很充分。我既有心智又有身体，它们都处在同一个生理空间中，而且彼此可以互动。

完整的生物体是心理内容的发源地，对心理内容有所有权，这是**有意识的**心智的显著特性。如果该特性不存在或不占据主导地位时，那么心智这一更简化的术语就是恰当的表达。

为了丰富心智，使其与它的合法所有者紧密联系，这种机制把明确连接**心智**和**所有者**的内容嵌入生物体的心流中。这些机制发生在系统级，不应当被视为神秘。

我针对意识问题提出的解决方案并不意味着，意识背后的所有生物机制都得到了澄清，同时也并不暗含着所有的意识状态在范围和等级上都是相同的。我从深度睡眠中苏醒过来时的有意识的心智——此时几乎不知道自己是谁，自己在哪里——和帮助我思考了几个小时的复杂科学问题时的有意识的心智是有区别的。但我针对意识问题的解决方案在这两种情形中都适用，而且都是决定性的。要让有意识的心智出现，我需要向普通的心智过程中嵌入与我的机体有关的知识，而且这种知识还能明确我就是自己生命、身体和思想的主人。

简单的有意识的心智过程专注于一个平凡的问题，而丰富全面

的有意识的心智过程则包含了大量的历史,二者都依赖于一种启蒙

仪式:对"所有者心智"的辨识,这需要将该心智置于所有者的身体

之内。

◇

有意识和清醒并不是一回事

人们通常认为,有意识就等于清醒,但二者之间有很大的差别。确定的是,意识和清醒之间是相关的。我们知道,在生物体入睡时,它们的意识往往处于休眠状态。不过,我们也一定会想到,这个规则是有明显例外的:当我们酣睡时,意识会在我们的梦境中重现,创造一种相当奇特的状态。在这种状态下,我们虽然睡着了但仍有意识。此外,病人在某些昏迷状态下明显是没有意识的,但他们的脑电图显示,他们仍然保持清醒。我知道这听起来很复杂且令人费解。不过我可以保证,一旦这些现象的谜团被解开,我们就可以肯定地说,意识并非仅仅是清醒。[1]

我们应该把清醒看成是让我们"检查"意象的操作,就像打开舞台上的灯一样。但是,清醒过程既不会把我们心智里的一组组意象组合到一起,也不会告诉我们,我们查看的意象其实属于我们自己。

正如之前我们在关于心智的讨论中所发现的,"感觉"或"察觉"的能力——触摸、温度的升高和震动——既不能与心智相混淆,也不能与意识相混淆。

◇

意识的构建(解构)

我为什么认为意识问题存在一个貌似合理的解决方案呢？首先，我能设想出一种方法，凭借该方法心理内容显然可以与感受主体产生联系。同时，感受主体还可以假定对这些内容拥有所有权。其次，因为我设想的方法需要使用一种生理机制，这种机制在系统层面的状态是可以让人理解的。

把能给心智所有者带来**感受**参考和**事实**参考的一组额外心理意象添加到我们称为心智的这种心理意象流之中的过程就是意识的构建。心理意象，无论是传统型还是混合型，比如感受，承载和传达的意义是意识的关键成分，就像它们是普通心智的关键成分一样。要让整体具备意识，不用调用也不需要之前未知的现象，且不需要给这些混合意象增添神秘的东西。意识的关键在于这些启用意象的**内容**，在于这些内容自然而然提供的**知识**。所有这些意象都要能提供有用的信息，这样才有助于确定它们的所有者。

提出意识问题的解决方案时没有诉诸未知和神秘的因素，这并不意味着该方案就"简单"，其实并不简单，也不表示所有与有意识的心智的运作相关的问题都已经得到解决,其实这些问题并未解决。从生理学、音乐、戏剧和生物学上讲,在体验瓦格纳(Wagner)的《指环》(Ring)音乐剧时,我们体内所发生的事情都不适合胆小的人。

心智的意象内容多数来自三个主要世界。第一个与**我们周围的世界**有关。它产生了我们所处环境中存在的物体、动作和关系的意象,而且我们通过视觉和听觉、触觉、嗅觉和味觉等外部感觉对所处的环境不断地审察。

第二个涉及**我们体内的旧世界**。之所以说"旧",是因为这个世界包含从远古不断进化而来控制新陈代谢的内部器官:内脏(例如心、肺、胃、肠),大而独立的血管和皮肤深处的血管,内分泌腺和性器官,等等。正如我们在关于情感的章节中所看到的那样,该世界催生了感受。这里的意象是感受的一部分,它们也与实际的物体、行为和关系相对应,但有一些细微的差别。首先,物体和行为处于**我们的机体之内**,主要位于胸、腹和头的内部,还处于皮肤较厚部位上的广泛内脏器官之内,遍布于全身,并通过血管经由它们光滑的肌肉壁贯穿其中。

其次,来自第二个世界的意象不仅表征了内在物体的形状和行为,还主要表征了物体在我们生活经济中与其功能相关的**状态**。

最后,旧世界的运作过程在实际"物体"(例如内脏)和表征它们的"意象"之间来回穿梭。身体实际发生变化的部位与关于这些变化的感知表征之间存在着持续的相互作用。这是一个完全的混合过程,同时涉及"身体"和"心智";它让源自心智的意象按照身体内部的变化进行更新，并做出相应的改变。值得注意的是，相对于生命过程而言，这些意象表征的是特性及其瞬间值或效价。这些内部实际"物体"和行为的**状态**及**特性**才是主角。抢尽风头的并不是实际使用的小提琴或小号，而是它们发出的**声音**。换句话说，感受不能简化为固定的意象模式，它们涉及运作过程的各种"界限"。

心智的第三个世界也和生物体内部的世界有关，但牵涉到一类完全不同的部位：**骨骼、四肢和头骨，它们是由骨骼肌保护和活动的身体部位**。这部分为整个机体提供了**框架**和**支撑**，并锚定了由骨骼肌执行的外部动作，包括我们用于移动的那些动作。这整个框架可以作为第一和第二世界中其他一切事物的参照。有趣的是，从进化的角度来看，这个内部区域并不像内脏区域那么古老，也不具有相同的特定生理特质。这个"并不那么古老的内在部分"一点也不柔软。坚硬的骨骼和强健的肌肉构成了良好的支架和框架。

◇

外延意识

有观点称,一旦有了感受并确认了行为主体,心智就可以变得有意识。乍一看,这可能会令人惊讶,但这并不是一个问题。不过,有观点认为,相对于意识现象的重要性,我所提供的关于意识解释的作用可能就太"小"了。这种观点才有问题,而且亟待解决。

在我看来,这个问题实际上并不是由解释引起的,而是由一些期望引起的。这些期望与关于"意识应该是什么"所涉及的传统、模糊、夸大的概念有关,与意识的实际**内涵**和**作用**不同。早些时候,我就注意到了意识在进化过程中发挥的独特作用,以及它在人类历史上一直不可或缺的事实。道德选择、创造力和人类文化只有在意识的光芒下才能被理解。然而,这些事实与我在意识背后施加关键机制的规模是完全相容的。

为什么我提出的解释一开始可能听起来有些道理?其实,这主要与"**外延意识**"的概念有关。这是我刚开始研究意识问题时提出的概念,过去我很喜欢用它。[1]"外延"一词适用于我所看到的意识的大规模多样性,包括我们在阅读普鲁斯特(Marcel Prost)、托尔斯泰（Leo Tolstoy）和曼（Thomas Mann）的作品，以及聆听马勒（Mahler）的《第五交响曲》（*Fifth*）时的体验：宽广、高昂、丰富、悠长，涵盖了大量人文及其各自的存在环境，凭借我们已牢记于心的过去，创造性地利用我们储备的知识，并将自身投射到可能的未来。

我现在遇到的这个问题是我本该一直讨论的外延**心智**，而非外延意识。这个让意象产生意识的根本机制在用于100万个意象时或仅用于一个意象时是一样的。变化的是我们心智过程的规模和能力，主要是为了满足我们回忆的和正在从事的素材的数量需求，以及需要干预的注意力需求，而且一点一滴的变化就像音乐、文学、绘画和电影的整个图景都是**在心理上完成的**，并属于我们自己，也就是说，**被赋予了意识**。

◇

轻易,而且还能容你

过去我认为狄金森(Emily Dickinson)的著名诗歌《脑比天空更辽阔》(*The Brain is Wider Than the Sky*)是对意识的颂歌,但现在看来它是对人类心智的深刻观察。

思考一下这首诗的前四行:

> 脑比天空更辽阔,
>
> 因为,把它们放在一起,
>
> 一个能包含另一个,
>
> 轻易,而且还能容你。

狄金森凭直觉认为,"你"需要把自己放在有意识的心智的形成过程中——成为我或其他个体——但她把注意力放在了心智的尺度上。我当下观察到的视觉全景和听觉场景怎么比我的脑的适中宽度要大得多? 这就是她想知道的内容。

脑一定比天空更辽阔——她的意思是脑比颅骨还大——因为它不仅可以容纳我们周围的世界,还能容纳你。不过,正如狄金森所熟知的,世界和我们实际上都无法装进颅骨之内。要想将其装进颅骨,第一步就是把我们和世界缩小,缩放到与脑尺寸相适配的比例。一旦完成这一缩放过程,我们和我们的思想就可以膨胀到近宇宙和远宇宙的大小,同时还能适应头部的大小。

狄金森坦率地致力于有机心智观和现代人类精神观。然而,最终发现,比天空更宽广的不是脑,而是生命本身——身体、脑、心智、感受和意识的创始者。与整个宇宙相比,更让人印象深刻的是作为物质和过程的生命,作为思考和创造的灵感来源的生命。

感受的真正奇迹

要再谈谈感受吗？当然,必须要。感受能让我们察觉到危险和机遇,赋予我们动力来做出一定的行动,从而保护我们的生命。毫无疑问,这些是感受与生俱来的奇迹,但感受也会带来另外一种奇迹,没有它,感受的指导和激励就得不到重视。感受为我们的心智提供了一些事实,在这些事实的基础上,我们可以毫不费力地知道,此时此刻我们心智中的其他东西也属于我们,并正在我们身上发生。感受让我们产生体验并变得有意识,把我们的心理内容集中在我们的个体周围。体内平衡感是意识的第一推动力。

感受提供给心理过程的重要事实涉及生物体内部因体内平衡调整而持续变化的细节。这些事实显示,整个心理过程正在心智中运行。而心智是生物体的一部分,生物体内部则正在进行体内平衡调整。心智"属于""它的"生物体。

使意识变成可能的感受并不属于单独的一种类别。它们把两种重要现象放在了一起:(1)反映内在的意象,详细描述了生物体内部结构在稳态驱动下的改变;(2)详细描述了映像和它们的身体来源之间**相互作用**的意象,这样就自然地揭示了这些映像是在它们所代表的生物体内部形成的。所有权的发现源于生物体状态和该生物体内产生的意象的相互透明的影响。所有权背后的一个显而易见的事实是,制造心理意象的一个过程发生在另一个过程——生物体——的内部。

生物体拥有心智这一事实产生了一个有趣的结论:所有发生在心智中的现象——内部映像,以及存在且出现于周围外部世界中其他生物体/物体的结构、行为和空间位置的映像——在形成过程中都不可避免地采用了**生物体的视角**。

◈

内部世界的优先性

　　偶然提到意识时，人们通常首先想到的是外部世界。他们往往把具备意识与能够表达周围的世界相提并论。这是可以理解的，因为我们的脑对外部世界是有偏爱的。但为什么会这样呢？因为映像我们周围世界的根本之处在于，可以借此利用对我们生命有利的方式控制与外部世界的互动。然而，虽然这个过程有助于揭示我们可以知道什么，并利用什么来为我们的利益服务，但它并没有表明——更不用说解释——我们是如何或为什么能意识到我们在意象中描绘的事物的。换句话说，我们为什么能知道自己知道。**要想变得有知识且有意识，需要把物体和过程与我们自身的生命体——我们自己——"联系"和"参照"起来。我们需要把我们的生命体构建为物体和过程的检验员。**

　　当我们使用知识来建立参照和所有权时，我们会意识到自己的存在和感知。

　　我们只知道自己知道——这实际上是在表明，我们只知道**每一个个体**都具备一定的知识——因为我们同时被告知了关于现实的另外两个方面的情况。一个方面是关于我们古老的化学物质和内脏内部的状态,通过一种称之为感受的混合过程来表达。另一个方面是由我们的肌肉骨骼内部所提供的空间参考,尤其是那个支撑我们的自我大厦的稳定框架。

知识的积累

人们可以试着把"意识"的构建过程看作一名成功的建筑承包商为自己的项目收集所需材料和招募工匠的过程。意识将智慧的碎片聚集在一起,通过它们的同时出现来揭示归属的奥秘。它们有时会用感受这种微妙的语言,有时会用普通的意象,有时甚至会用为特定场合翻译的文字,告诉我或你。是的,瞧,正是我或你,在想这些事,在看这些风景,在听这些声音,在感受这些感受。"我"和"你"是由心理成分和身体成分来区分的。如果心理事件和整个身体生理之间的联系已被牢固地建立起来,那就没有什么区别了。你的负责意识的承包商说,世界可以向你走来,因为你的生命体——整个机体,不仅仅是脑——是一个开放的舞台,舞台上正一遍遍地上演着对你有利的剧目。一砖一瓦的建造材料就是知识,它们与心智里的其他知识并没什么不同。知识的基底是意象及更多的意象,包括那些依赖脑与身体相互作用并伴随着拖曳和拉扯的混合意象:我们称为感受的"意象"。那些堆积在运行的心理轨道上的点点滴滴的知识,那些有助于描述我们生命时刻和我们生活时间的意象城堡,那些碎片化知识都是在昭示生命存在形式的不屈不挠。

意识是知识积累的结果,这些知识在流动的意象中足以自动产生这样一个概念——这些意象是属于**我的**,它们正在**我的**机体内发生,而心智……嗯,也是**我的**! 意识的秘密是收集知识,并将这些知识展示为心智的身份证明。意识不仅仅是心理元素的整合,不过,在意识被赋予大量意象时,整合的确发挥了一定的作用。

现在回想一下,在探索意识的过程中,一个反复犯过的错误是,我们把它视作一种"特殊"功能,甚至是一种独立的"物质",一种飘散在思维过程中与意识或它的支撑基础无关的香气。即使是我们这些能想象出不太离谱的解决方案的人,也让这个问题变得比它本来应该具备的样子更加神秘。[1]

◇
——

整合并非意识的来源

当我们在讲自己对特定场景有意识时,需要对该场景的组成部分进行大量的整合。然而,没有理由说,单单整合——无论整合的内容多么丰富——就应该是意识形成的源头。在大量流动的意象素材中,对心理内容整合得越多,意识内容的覆盖范围就越大。不过,对于这种靠把各种贡献要素"捆绑在一起"来解释意识的观点,我是持怀疑态度的。意识的产生并非仅仅是因为心理内容被恰当地组合起来。我要表明的是,整合的结果是心理界限扩大了。开始产生意识的做法是丰富心流,这种心流具备将生物体当作心智所有者的认识。而开始将我的心理内容变得有意识的做法是,确认**我**是当下心理内容的所有者。我们可以从具体的事实或直接从体内平衡感中获取关于所有者的认识。只要有需要,体内平衡感能够容易、自然且即刻地把我的心智与我的身体明确地**联系起来**,并不需要额外的推理或计算。1

◇

意识和注意力

意识就像牛奶和鸡蛋。它的等级在很大程度上与任何时候被赋予意识的心理内容的种类和数量相一致。然而，由于心智中所呈现内容的类型和人们对其投入的注意力之间的奇妙交互作用，其等级评定就变得复杂了。例如，当我开始写这一页的时候，我非常专注于我想要表达的想法。但是，当我思考问题时，发生了一件事；我还按了一下CD播放机的遥控器，听到了当天我早些时候选择的那张唱片的声音。我的有意识的心智范围显著扩大，以适应新的内容，但现在我既要考虑写作的话题——意识的范围！——又要进行苛刻的比较。比较的内容是，演奏我正在听的这首曲子的钢琴家处理特定乐句的方式与另外一位较为年长的钢琴家处理同样乐句的方式有什么不同。这段文字表明：尽管音乐处在上风，但我的项目的首要目的已经嵌入背景之中，仍然存在于"有意识的心智"里，但并不在最前面，也没有封闭。不久之后，心理内容的位置发生了反转，而我又开始写关于意识的东西了。

我刚才走神了，但现在又回到了正题上。

　　仅仅从意识或注意力的角度来分析我的分心是不合理的。两种选择在这件事上都有发言权。第二个过程是提升特定意象的质量或对其进行影像"剪辑"——挑选的镜头有多大或花费的时间有多长——从技术上讲，这些是注意力领域涉及的问题。然而，忽视情感在将"注意力"分配到可供选择的素材时所起的作用也是不合理的。确定安兹涅斯(Leif Ove Andsnes)与阿格丽希(Martha Argerich)在演奏上的区别，以及这种区别在本乐章中的具体表现，突然比弄清我对意识范围的观点更有价值、更有意思。我准许这种有趣的任务在该进程中占据上风。

　　上述公开的事实没有任何一个应该改变我们对生物现实的观点：为我的心智所挑选的内容被认定是属于我的，原因是基本感受过程把我当作这些内容的唯一所有者，而且次要事实表明，我就处于当前的位置上，就在我的书桌旁，周围环绕着音乐，而太阳在盖蒂博物馆(Getty Museum)之上，在我的右边，有点偏西北方向。

　　注意力有助于管理心智中生成的丰富意象。这样做的基础是：(1)意象具有固有的物理特征，例如：颜色、声音、形状、关系；(2)意象的个人意义(借助个人的记忆来建立)和历史意义。随后，情感和认知反应的混合支配着分配给意象的时间和规模，这些意象将被整合到有意识的心流中。[1]

基底很重要

    计算科学的非凡成功带来了一个奇怪的结果,那就是包括人类多样性在内的心智并不依赖于支撑它们的基底。我来解释一下这个观点。我现在正用"缤乐美2号"铅笔把这些句子写在一个黄色记事本上,但我也可能已经用老式的"好利获得"牌打字机、我的iPad或笔记本电脑把它们打了出来。我的用词是一样的,所以句法和标点也都一样。这些观点及其语言层面的解读独立于用来交流它们的基底。乍一看这可能有点道理,但其实并不符合有感受或意识的心智的实际情况。我们能说我们心智中的内容独立于承载它们的有机基底(即脑及其所在的生物体)吗?并非真的如此。我们构建的故事情节,故事里面的人物和事件,对这些人物在这些事件中所扮演角色产生的思考,倾注于这些人物身上的情感,以及我们在观看这些事件的发展并对其做出反应时所经历的事情,都无法独立于它们的有机基底。有观点认为,我们的心理内容与神经系统和生物体的关系,和我正在写的这篇文本与它众多可能的基底——铅笔、打字机、电脑——之间的关系是一样的。这种观点存在缺陷。

　　我们心理体验中的很大一部分内容——有时候是绝大部分内容——并不严格地局限于在我们心流中流动的叙事情节中的物体、人物和失态行为,还包括生物体自身的体验,这依赖于生物体的生命状态,不管状态是好还是不太好。最后,我们的心理体验最好被描述为当"其他心理内容"流动时的"存在"体验。"其他心理内容"与"存在内容"平行流动。此外,"存在"和"其他心理内容"之间会产生对话。二者是否能在当下心理时刻占据主导地位取决于各自描述的丰富程度。"存在"成分永远都存在,即便不占主导,也可以由非神经性成分和神经性成分构成。如果说有意识的心智可以独立于基底,那么这就相当于说它可以摒弃整个"存在"大厦,只要有"其他心智内容"就可以。这将否定我一开始提到的,心理体验的基础是**特定种类生物体在特定状态下的体验或意识**。

　　基底很重要,这是必然的,因为**基底是经历故事并对故事做出情感反应的人的有机体**。同时,这个人的情感系统也被"借用"来为故事中所描绘人物的情感提供某种生活的假象。

意识的缺失

著名哲学家塞尔(John Searle)喜欢用一个精确的定义来开始他关于意识的讲座,这个定义表明他对这个问题的解决十分满意。他会说,意识并没有什么神秘的。意识只是在你被麻醉或进入深度无梦睡眠时消失的东西。[1] 这种开场方式的确引人入胜,但它不能满足意识的定义,而且在涉及与麻醉的关系方面有误导性。

的确,在无梦睡眠或麻醉状态下,意识是不存在的。在昏迷状态或持久性植物人状态下,意识是无法被发现的,它会在各种药物和酒精的影响下受损。当我们晕厥时,它又会暂时从我们身边溜走。在"闭锁综合征"状态下,患有神经系统疾病的病人无法与人沟通,而且**似乎**意识不到自己和周围世界的存在,但事实上他们完全是有意识的。在这种情况下,意识并**没有**缺失,尽管表面上看起来是这样。

遗憾的是,无论是麻醉还是阻断意识的神经系统疾病,都没能通过专门聚焦于我一直描述的构成有意识的心智的机制来达到此目的。麻醉和病理状态是相当迟钝的工具。[2] 它们**的目标是正常意**

识所依赖的功能,而不是意识本身。正如我之前提到的,手术中用到的强力麻醉剂是一种能立即阻断**感觉/察觉**的快速工具,在讨论**"无心智和非意识的细菌"**这部分内容时,我说过要对这种有趣的功能加以注意。支撑这一论点的证据很清楚。细菌拥有感觉能力,植物也有,但二者都不具备心智或意识。不过,麻醉剂阻断了它们的感觉,并让它们处于休眠状态,但显然并没有**专门针对**意识,因为我一开始就提到,无论是植物还是细菌都不具备这个功能。

感觉不能赋予我们心智或意识;但没有感觉,我们就无法构建起各种操作,从而通过这些操作逐渐催生出心智、感受和自我参照等最终能形成**有意识的心智**的因素。简言之,在我看来,麻醉剂主要改变的不是意识而是感觉。麻醉剂最终阻碍了将有意识的心智集中在一起的能力,这样产生的效果很有价值,而且具有实际意义,因为我们对在意识不到疼痛的情况下进行手术很感兴趣。

几千年来,人类因为各种个人或社会原因而使用的酒精、大量的止疼剂和药物是**干预**正常的有意识的心智整合过程的又一例证,而且更接近事实。它们能让意识的最终整合变得不稳定,或妨碍整合的关键步骤。这种联系很耐人寻味。长期存在的个人和社会原因可以解释人类为何使用甚至滥用麻醉剂和酒精等物质,即这些物质能够影响感受的生理机能。使用者对改变意识不感兴趣,他们尤为感兴趣的是改变某些体内平衡感,比如,如果有可能的话,我们都想从自身生命中驱除疼痛和不安,而且我们都想拥有最大化的幸福和快乐,等等。

显然,任何能渗入到体内平衡感存在场所的药物都找到了一种进入意识机制的方法,这在很大程度上是以体内平衡感过程为基础的。这种联系解释了为什么药物可以干预意识过程。

那晕厥,也就是晕倒,指的是什么? 晕倒是由于流入脑干和大脑皮层的血液量突然降到了警戒水平以下而造成的。由于没有足够的氧气和营养物质输送给脑(尤其是脑干部分)中对感受的整合有着重要影响的神经元,许多与脑相关的活动都会被暂停。来自生物体内部的信息突然被排除在中枢神经系统之外,感受对意识的形成所发挥的作用也被粗暴地打断。肌肉张力与个体对自我和周围的感觉一样都会受损,这就是为什么受害者会晕倒、摇晃和倒在地上的原因,就像沙尔科(Jean-Martin Charcot)在巴黎的萨彼里埃医院所做的权威展示中一些具有明显症状的病人所表现出来的那样。沙尔科是19世纪后半叶神经学和精神病学的先驱之一,他因研究癔症(hysteria)而出名。弗洛伊德(Sigmund Freud)参加过沙尔科的一些讲座,并从中获益良多。

将意识缺失与脑干联系起来的是另一位历史人物——神经病学家普拉姆(Fred Plum)——提出的一种现代观点。[3] 为什么脑干是意识的关键呢? 我对这个问题的解释与这样一个概念有关:感受是体内平衡运作的表征,它们对意识的产生至关重要。如今我们知道,维持体内平衡和感受的重要机制都位于脑干的上部区域,高于三叉神经入口的水平位置,确切地说,是在该区域的后端(这片区域为下图中B所示的位置)。有趣的是,这一脑干部位受损是产生昏迷的一个公认原因。[4] 奇怪的是,这一区域前部(下图中标记为A的区域)的损伤并**不会**导致昏迷,也完全**不会**影响到意识,反而会产生我早前提到的"闭锁综合征"状态。这种综合征的不幸受害者是清醒的、警觉的和有意识的,但大部分无法移动,从而大大降低了他们的沟通能力。

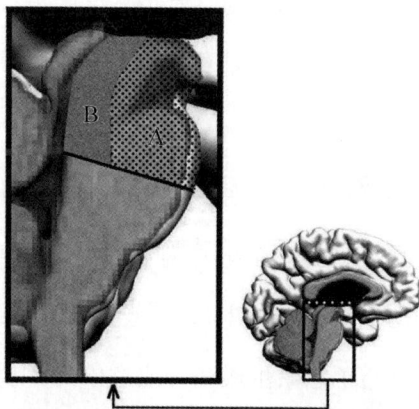

这幅图片展示了脑干部位放大后的细节。标记为B的区域内的损害始终与意识的缺失有关。标记为A的区域内的损伤与运动障碍有关

◇
―――

大脑皮层和脑干在意识形成过程中
发挥的作用

据说,与前部的前额皮层不同,后感觉皮层是意识的自然基础。这种观点有点儿事实依据,但只有一点儿。实际情况比这要复杂得多。

后感觉皮层大致位于脑的后部,包括所谓的视觉、听觉和触觉的"早期"感觉皮层,它们是视觉、声音和触觉意象的主要建设者和展示者。但是,在颞顶交界处相交的反映各感觉模态的所谓的"高阶"关联皮层,也参与了意象生成和合成意象的"组装"(下图标出了主要的大脑皮层)。

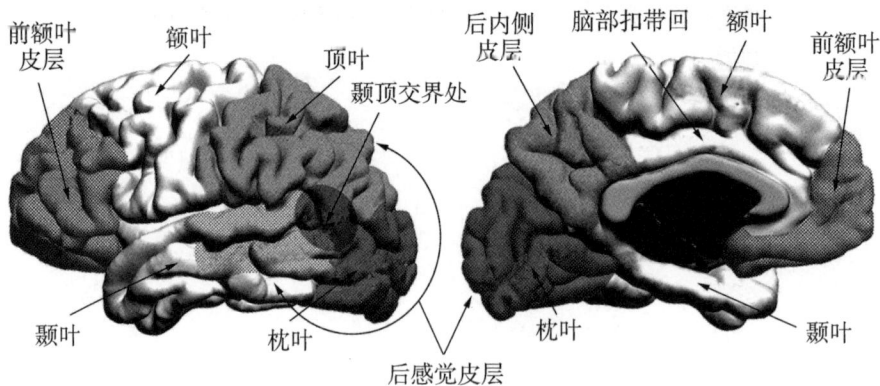

人类大脑皮层的主要区域

实际上,脑的整个外侧和后皮层区域都参与了意象的生成和显示,这相当于说它参与了心智的构建。但是,我们要问的是意识呀!这个脑区域也有助于使各方面的心智变得有意识吗?至少在某种程度上,这似乎是事实。意识是一个以意象为基础的过程,它需要以大量的意象作为基底,这恰恰是后感觉皮层可以大量提供的。这些皮层的一些区域有助于意象的整合,并可能在意象有意识时协调它们的顺序。但是,让我们意识到这些由后皮层加工且轻松排序的意象的是,**我们补充了认证这些意象所有权的知识**,我们发现这些意象属于一个具有独特生理特征和植根于记忆中的独特心理过程的特定生物体。对于那些认为后感觉皮层是意识的唯一提供者的人来说,这就是麻烦开始之处:**赋予意象所有权的主要机制是体内平衡感的存在,但这种存在并不主要依赖于后感觉皮层**。正如我们所看到的,感受是一种混合过程,它的意象描绘了内感受神经系统与我们体内实际内脏之间的交互。

负责感受的结构位于:(1)内感受系统的外围部分,(2)脑干核,(3)扣带皮层,(4)岛叶皮层。岛状区域的输入和整体设计允许它集成多个内部过程信息源的表征结果,包括那些对应于各种感官与实际内脏交互的表征。这个区域完成并完善了许多先前的结构在一个长链中所完成的工作,该长链开始于脊髓神经节和脊髓,并延续到脑干,特别是到臂旁核,导水管周围灰质,以及孤束核。整体来看,岛叶皮层和向其提供信息的皮下成分共同构成了"情感复合体"(见下页图)。

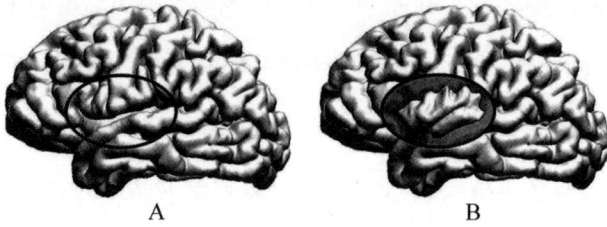

岛叶皮层位于脑左右半球很深的位置。图A中的椭圆形标记是实际岛
叶皮层所在的皮层区域,如图B所示

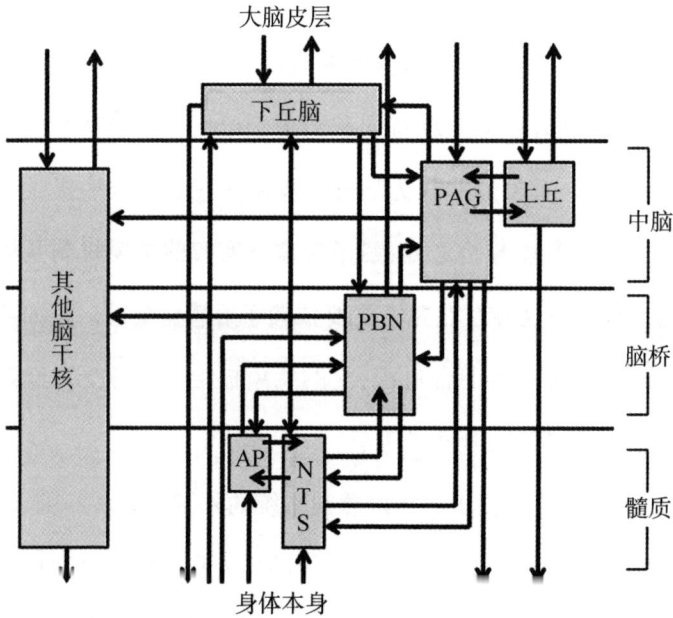

参与情感过程的主要脑干结构及其相互联系、输入源和输出目标的
示意图。PAG:中脑导水管周围灰质; PBN:臂旁核;AP:后极区;
NTS:孤束核

在这一点上,关键的问题是,这两套结构——后感觉皮层和"情
感复合体"——是如何结合起来产生有意识的心智的?我设想了两
种可能性。一种可能性是,从"情感复合体"到"后感觉集合"需要实

际的神经投射,反之亦然。另一种可能性则要求两个集合中的激活具有近似的同时性,从而产生基于时间的集成。无论是哪一种方式,有意识的心智的最终实现都依赖于**两套**脑结构;我们不能将意识"局限"于其中一种或另一种。此外,大脑皮层的另一个部分似乎在协调有意识的心智过程中发挥着作用。这个区域被称为"后内侧皮层"(参见112页图)。它包括大致位于脑半球内侧面(内部)和后表面的皮层。这个区域可能会指导其他大脑皮层参与有意识的心智的形成。

那额叶皮层呢？它们参与意识的形成了吗?答案是,前额叶皮层在产生有意识的心智时并**没有**起主要作用。经典的人类脑损伤研究案例表明,对前额叶皮层的损伤,甚至是手术切除,都不会影响有意识的心智形成的基本过程。前额叶皮层参与意象操作,能够激活在后感觉皮层生成的意象,对它们进行排序,并从空间上确定它们的位置。后感觉皮层及后内侧皮层的某些区域也发挥着同样的作用。额叶皮层似乎在整合意识形成过程中确实涉及的及确定属于我们自己的巨大心理图景上发挥着一定作用。

尽管额叶区域在很大程度上促进了智能的心理运作——推理、决策、创意构建,但它似乎并没有在基本意识所依靠的必备知识的丰富层面做出什么贡献。它不能鉴定心智的所有者,也不能授予它所有权,但它在大范围**拓展心智**的形成上发挥了作用,这种心智代表了人类能力的巅峰。[1]

感受机器和意识机器

机器人技术是人工智能（AI）的终极表达，而我首先要说的是，"人工"这个标签再合适不过了。那些让我们的生活变得如此高效和舒适的设备的智能没有任何"自然"可言，而且这些设备的建造也没有任何"自然"可言。尽管如此，那些让人工智能和机器人成为可能的杰出发明家和工程师还是受到了自然生命体的启发，尤其是受到生物解决其所面临问题时发挥的聪明才智，以及它们运动时的效能和经济性的启发。

人们可能会期望人工智能和机器人的先驱们从像我们这样的生命的整体中寻找到灵感——效率高、办事迅速，但同时也对我们高效执行和迅速处理的各种事情充满了感情。简言之，为我们所做的（和被做的）感到快乐，甚至欣喜若狂，但也会在必要的场合感到沮丧、悲伤，甚至痛苦。

然而，聪明的先驱者采取了一种经济的方法，直入正题。他们试图模仿自己认为最重要和最有用的东西——我们姑且称之为普通智能——而忽略了他们可能认为多余甚至不便的东西：**感受**。很可能是,他们认为情感不仅古怪,而且过时,是在通往思路清晰、问题解决准确和行动精确的胜利道路上被遗忘了的东西。

从历史上来看,他们的选择是可以理解的。毫无疑问,已经产生了许多优秀的成果和财富。然而,我的先决条件是,在以他们这样做的发展进程中,先驱者揭示了一个关于人类演化的重大错误观念,而且这样做限制了人工智能及各种机器人技术在其创造性潜力和终极智能水平上的施展范围。

根据我们在本书中讨论的内容,关于进化论的错误观念应该是显而易见的。情感宇宙——来自动力、动机、体内平衡调节和情绪的感受体验——是适应性强、效率高的**智能的先前历史展现**,是创造力呈现和成长的关键。例如,远超细菌的隐藏和盲目能力,但仍旧缺乏成熟的人类智能。事实上,情感宇宙是有意识的心智逐渐发展和拓展的更高智能的垫脚石。在我们人类逐渐征服的自主权发展过程中,情感宇宙是一个源泉,也是一种工具。

现在是时候来认识这些事实了,是时候在人工智能和机器人的历史上打开新的篇章了。很明显,我们可以开发出一种能沿着"体内平衡感"的路线运行的机器。为了做到这一点,我们需要为机器人提供一种需要规则和调整才能持续存在的"身体"。换句话说,几乎自相矛盾的是,我们需要在机器人的健壮性上增加一定程度的脆弱性。如今,这可以通过在机器人的整个结构中放置传感器来实现,让它们检测和记录关于身体的或多或少的有效状态,并整合相应的信息。"软机器人"新技术使这一发展成为可能,它将刚性结构替换为灵活且可调节的结构。我们还需要将这种"感觉与被感觉"的身体影响迁移到对机器周围的环境进行处理和响应的生物体部件上,以便选择最有效——智能——的响应。换句话说,这台机器体内的"感受"将会表达它对周围状况的应对情况。这种"表达"的目的是提升**应对的质量和效率**,从而使机器人的行为比没有内部条件指导时更智能。感受机器并非冷漠且可以预见的机器人。从某种程度上来说,它们关心自己,而且可以很好地适应自身周围的状况。

这种"感受"机器会变成"意识"机器吗?嗯,没那么快。它们确实发展了与意识相关的功能元素,感受是通向意识之路的一部分,但它们的"感受"与生物的感受并不等同。这些机器意识的最终发展"程度"将取决于"机器内部"及其"周围环境"的内在表征的复杂性。

在适当的条件下,新一代的"感受机器"可能会成为真正有感受的人类的得力助手,就像自然生物和人造生物的混合体那样。同样重要的是,这种新一代的机器将构成一个独特的实验室,用于在各种真实的场景中研究人类的行为和心智。[1]

第五篇

结语：平心而论

　　生命和自然选择造就了我们周围众多的生物体,也造就了我们的存在。在数十亿年的时间里,各种各样的生物体在或多或少的有限时间里,不畏艰险地维持着生命。一旦它们因自然或非自然的原因走到了生命的尽头,就会为其他生物体让路并腾出空间。人类,作为这个传奇历程的后来者,并非单纯地忍耐并克服了这个过程,而是让自己的行为变得更加复杂,创造出与自身相匹配的环境,进而统治了这个星球。在这个巨大的成功全景图中,我特别感兴趣的是使它们成为可能的手段。是哪些特点和策略促成了这样的胜利?它们是真正的人类新发明,从头开始演化成能在需要之时解决人类各种问题,还是它们实际上只是改造,是生物文明遗产中已经存在的解决方案的一部分?

　　在寻找这种赋能手段的过程中,我们一开始就想到了人类的有意识的心智本身,这一点也不奇怪。作为可能决定我们的宇宙变成当下卓越形态的工具,有意识的心智显得尤为重要。人类这种强大的有意识的心智已经受到了非凡的学习和记忆能力,以及突出的推理、决策和创造能力的协助,所有这些能力都与文字、数学及音乐领域的语言能力相辅相成。有了这些如此有力的支撑条件,人类将能够在极短时间内从"普通的存在"过渡到"有感受和认知的存在"。难怪他们发明了道德体系与宗教、艺术、科学与技术、政治和经济,以及哲学。简言之,他们带着我们永不满足的骄傲和傲慢,从零开始创造了我们称之为人类文化的东西。为了达到自己的目标,人类已经重塑了地球——改变了生物数量和简单的物理结构,还将对星系际空间的内容做同样的改造。

本书讲述了有意识的心智和人类文化的创造如何帮助我们应对人生这部大戏,其中包含了一些显而易见的真理,但也忽略了一些重要的事实。遗憾的是,这些忽略导致了关于人类成就和困境的畸形解读,以及对可能的未来做出悬而未决的描述。

关于人类能力的例外主义方法夸大了人类与非人类应对(生命进程)能力之间的区别,这是有严重缺陷的。当涉及人类时,它是宏伟的;它不公平地贬低非人类;它没有认识到,从微生物到人类,各种生物之间都存在相互依赖和合作关系。最终,例外主义方法没能意识到,自有生命诞生之初,自然界就明显存在着强有力的**模式**、**设计**和**机制**,甚至在生命出现之前的物理世界和化学世界中都有所体现,而且它们很可能,至少在一定程度上对通常归因于人类的文化发展蓝图负有责任。

一个基本的模式是生命本身,配备了一套允许**体内平衡**的化学关系和平衡能力,以及一套**体内平衡指令**,用于帮助识别偏离生命

良性运转范围的危险变化并指挥其做出必要的纠正。所有生物体,
从细菌到人类,都依赖于这个基本的主题。

设计和机制有助于支撑体内平衡需求处于下一个令人惊喜的
清单中。我提到了智能,它是一种可以为生命进程中遇到的问题提
供满意解决方案的能力,从获取营养和氧气等各种基本的能源,到
控制领地,再到抵御被掠夺,还包括解决这些问题所采取的策略,例
如社会合作和对抗。

这种智能的首个强有力的例证再一次体现在了细菌身上。它
们很容易地解决了上面列出的所有问题。细菌的智能并不显眼,并
不依靠能彰显生物体结构意象或周围世界意象的心智,它不依赖于
感受——生物体内部状态的晴雨表,也不依赖于由此产生的对生物
体的所有权及由这种所有权所建立的独特视角。简言之,它不依赖
于我们称之为意识的现象。然而,这种简单生物的无心智、非显性、
隐藏的能力让它们的生命得以成功地延续了数十亿年,并为有心
智、显性、公然的智能提供了强大的设计,后者出现在多细胞有脑生
物中,比如我们自己。细菌或植物一样,它们所具有的这种简单但
意义深远的感觉或觉察能力是一种创新机制,可以使简单的生物能
够检测到诸如温度和其他生物的存在等刺激,并做出保护性和前瞻
性的反应。奇怪的是,这种认知的适度登场,是对明显的感受将在
各种心智的形成过程中发挥作用的一种预期。

建立在明显的多维模式映像基础上的各种心智是一种强大的
进步,其能允许同时产生生物体外部世界的意象和它们内部世界的

意象。外在的各种意象指引生物体在其环境中做出成功的行动,但各种感受,即心理和身体相互作用的过程,是适应性和创造性行动最杰出的促成因素,它们是自5亿年前神经系统登场以来,就一直存在的现象。同时,这些感受还为生物提供了指引和激励,让它们形成和具备了意识。

对于各种社会现象和人类文化的重要工具来说,必须从先于它们并促使它们成为可能的生物现象的角度,来理解其表观和结构。生物现象的列表很长,包括**体内平衡调节、非显性智能、感觉、意象产生的机制、视作复杂生物体中生命状态的心理翻译者的感受、意识本身及社会协作机制**。在生命史上,先于这些生物现象的一个强大前身是细菌的"群体感应"。至于物种间协作的生动案例,可以想想人类的微生物群落,我们发现数以万亿计的协作细菌帮助我们每个人保持良好的健康,同时从我们的生命中获得其生命周期所需的支持。或者,就此而言,还可以考虑一下在森林中发现的非同寻常的协作,包括树木与地上和地下的真菌。

无论如何,我们确实应该钦佩甚至颂扬人类有意识的心智的独特成就,以及它创造的所有令人惊叹的新奇事物,这些超越了自然引导的解决方案。但我们需要斟酌一下有关人类如何发展到当下的描述,并意识到这样一个事实,即我们在自己的领域获得成功所用到的一些重要工具都是其他生命形式在个体层面和社会层面获得成功的长河中已经用过的工具的改造和升级。我们需要尊重自然界本身非凡的、尚未被完全理解的智能和设计。

在由人类智能和感性创造的伟大艺术所展现的我们能辨别出的和谐或恐怖的背后,有与幸福、快乐、痛苦和伤痛相关的感受。在这些感受背后,存在着遵循或违背体内平衡要求的生命状态。同时,这些状态之下存在着各种化学和物理过程的编排,它们让正常的生命活动得以实现,谱写了星球间优美的乐章。

当我们应对人类对地球及其存在的生命所造成的破坏时,承认事物处理的轻重缓急及它们之间的相互依存关系迟早会有用处的。这些破坏可能导致我们目前所面临的一些灾难,气候变化和大流行病就是两个突出的案例。它将给我们一个额外的动力,去倾听那些献身于思考我们面临的各种大规模问题的声音,也去倾听那些给我们推荐明智的、合乎伦理的、实用的且与人类所处的大生物期兼容的解决方案的声音。毕竟还是有希望的,或许还应该存在某种乐观。[1]

注释和参考文献

第一篇　关于存在

关于存在、感受和认识

1. 我之前在《万物的古怪秩序：生命、感受和文化起源》(*The Strange Order of Things: Life, Feeling, and the Making of Cultures*, New York: Pantheon Books, 2018)一书中探讨过本书里陈述的那些惊人的事实。生命史上最早出现的生物的智能远比人们想象的要高得多。至于近期对生物学与文化相交叉的叙述，也可参阅：

Antonio Damasio and Hanna Damasio, "How Life Regulation and Feelings Motivate the Cultural Mind: A Neurobiological Account," in *The Cambridge Handbook of Cognitive Development*, ed. Olivier Houdé and Grégoire Borst (Cambridge, U. K.: Cambridge University Press, 2021).

2. 群体感应就是很明显的一个例子，证明了细菌和其他单细胞生物拥有非凡的智能。可参阅：

Stephen P. Diggle, Ashleigh S. Griffin, Genevieve S. Campbell, and Stuart A. West, "Cooperation and Conflict in Quorum-Sensing Bacterial Populations," *Nature* 450, no. 7168(2007): 411—414.

Kenneth H. Nealson and J. Woodland Hastings, "Quorum Sensing on a Global Scale: Massive Numbers of Bioluminescent Bacteria Make Milky Seas," *Applied and Environmental Microbiology* 72, no. 4 (2006): 2295—2297.

若想详细了解生命过程和单细胞生物杰出的能力，可参阅：

Arto Annila and Erkki Annila, "Why Did Life Emerge," *International Journal of Astrobiology* 7, no. 3—4(2008): 293—300.

Thomas R. Cech, "The RNA Worlds in Context," *Cold Spring Harbor Perspectives in Biology* 4, no. 7(2012): a006742.

Richard Dawkins, *The Selfish Gene: 30th Anniversary Edition* (New York: Oxford University Press, 2006).

Christian de Duve, *Singularities: Landmarks in the Pathways of Life* (Cambridge, U.K.: Cambridge University Press, 2005).

Christian de Duve, *Vital Dust: The Origin and Evolution of Life on Earth* (New York: Basic Books, 1995).

Freeman Dyson, *Origins of Life* (New York: Cambridge University Press, 1999).

Gerald Edelman, *Neural Darwinism: The Theory of Neuronal Group Selection* (New York: Basic Books, 1987).

Gregory D. Edgecombe and David A. Legg, "Origins and Early Evolution of Arthropods," *Palaeontology* 57, no. 3 (2014): 457—468.

Ivan Erill, Susana Campoy, and Jordi Barbé, "Aeons of Distress: An Evolutionary Perspective on the Bacterial SOS Response," *FEMS Microbiology Reviews* 31, no. 6 (2007): 637—656.

Robert A. Foley, Lawrence Martin, Marta Mirazón Lahr, and Chris Stringer, "Major Transitions in Human Evolution," *Philosophical Transactions of the Royal Society B* 371, no. 1698 (2016), doi.org/10.1098/rstb.2015.0229.

Tibor Gantí, *The Principles of Life* (New York: Oxford University Press, 2003).

Daniel G. Gibson, John I. Glass, Carole Lartigue, Vladimir N. Noskov, Ray-Yuan Chuang, Mikkel A. Algire, Gwynedd A. Benders, et al., "Creation of a Bacterial Cell Controlled by a Chemically Synthesized Genome," *Science* 329, no. 5987 (2010): 52—56.

Paul G. Higgs and Niles Lehman, "The RNA World: Molecular Cooperation at the Origins of Life," *Nature Reviews Genetics* 16, no. 1 (2015): 7—17.

Alexandre Jousset, Nico Eisenhauer, Eva Materne, and Stefan Scheu, "Evolutionary History Predicts the Stability of Cooperation in Microbial Communities," *Nature Communications* 4 (2013).

Gerald F. Joyce, "Bit by Bit: The Darwinian Basis of Life," *PLoS Biology* 10, no. 5 (2012): e1001323.

Stuart Kauffman, "What Is Life," *Israel Journal of Chemistry* 55, no. 8 (2015): 875—879.

Daniel B. Kearns, "A Field Guide to Bacterial Swarming Motility," *Nature Reviews Microbiology* 8, no. 9 (2010): 634—644.

Maya E. Kotas and Ruslan Medzhitov, "Homeostasis, Inflammation, and Disease Susceptibility," *Cell* 160, no. 5 (2015): 816—827.

Karin E. Kram and Steven E. Finkel, "Rich Medium Composition Affects *Escherichia coli* Survival, Glycation, and Mutation Frequency During Long-Term Batch Culture," *Applied and Environmental Microbiology* 81, no. 13 (2015): 4442—4450.

Richard Leakey, *The Origin of Humankind* (New York: Basic Books, 1994).

Derek Le Roith, Joseph Shiloach, Jesse Roth, and Maxine A. Lesniak, "Evolutionary Origins of Vertebrate Hormones: Substances Similar to Mammalian Insulins Are Native to Unicellular Eukaryotes," *Proceedings of the National Academy of Sciences* 77, no. 10 (1980): 6184—6188.

Michael Levin, "The Computational Boundary of a 'Self': Developmental Bioelectricity Drives Multicellularity and Scale-Free Cognition," *Frontiers in Psychology* (2019).

Richard C. Lewontin, *Biology as Ideology: The Doctrine of DNA* (New York: HarperPerennial, 1991).

Mark Lyte and John F. Cryan, *Microbial Endocrinology: The Microbiota-Gut-Brain Axis in Health and Disease* (New York: Springer, 2014).

Alberto P. Macho and Cyril Zipfel, "Plant PRRs and the Activation of Innate Immune Signaling," *Molecular Cell* 54, no. 2 (2014): 263—272.

Lynn Margulis, *Symbiotic Planet: A New View of Evolution* (New York: Basic Books, 1998).

Humberto R. Maturana and Francisco J. Varela, "Autopoiesis: The Organization of Living," in *Autopoiesis and Cognition*, ed. Humberto R. Maturana and Francisco J. Varela (Dordrecht: Reidel, 1980), 73—155.

Margaret J. McFall-Ngai, "The Importance of Microbes in Animal Development: Lessons from the Squid-Vibrio Symbiosis," *Annual Review of Microbiology* 68 (2014): 177—194.

Stephen B. McMahon, Federica La Russa, and David L. H. Bennett, "Crosstalk Between the Nociceptive and Immune Systems in Host Defense and Disease," *Nature Reviews Neuroscience* 16, no. 7 (2015): 389—402.

Lucas John Mix, "Defending Definitions of Life," *Astrobiology* 15, no. 1 (2015): 15—19.

Robert Pascal, Addy Pross, and John D. Sutherland, "Towards an Evolutionary Theory of the Origin of Life Based on Kinetics and Thermodynamics," *Open Biology* 3, no. 11 (2013): 130156.

Alexandre Persat, Carey D. Nadell, Minyoung Kevin Kim, Francois Ingremeau, Albert Siryaporn, Knut Drescher, Ned S. Wingreen, Bonnie L. Bassler, Zemer Gitai, and Howard A. Stone, "The Mechanical World of Bacteria," *Cell* 161, no. 5 (2015): 988—997.

Abe Pressman, Celia Blanco, and Irene A. Chen, "The RNA World as a Model System to Study the Origin of Life," *Current Biology* 25, no. 19 (2015): R953—R963.

Paul B. Rainey and Katrina Rainey, "Evolution of Cooperation and Conflict in

Experimental Bacterial Populations," *Nature* 425, no. 6953 (2003): 72—74.

Kepa Ruiz-Mirazo, Carlos Briones, and Andrés de la Escosura, "Prebiotic Systems Chemistry: New Perspectives for the Origins of Life," Chemical Reviews 114, no. 1 (2014): 285—366.

Erwin Schrödinger, *What Is Life?* (Cambridge, U. K.: Cambridge University Press, 1944).

Vanessa Sperandio, Alfredo G. Torres, Bruce Jarvis, James P. Nataro, and James B. Kaper, "Bacteria-Host Communication: The Language of Hormones," *Proceedings of the National Academy of Sciences* 100, no. 15 (2003): 8951—8956.

Jan Spitzer, Gary J. Pielak, and Bert Poolman, "Emergence of Life: Physical Chemistry Changes the Paradigm," *Biology Direct* 10, no. 33 (2015).

Eörs Szathmáry and John Maynard Smith, "The Major Evolutionary Transitions," *Nature* 374, no. 6519 (1995): 227—232.

D'Arcy Thompson, *On Growth and Form* (Cambridge, U.K.: Cambridge University Press, 1942).

John S. Torday, "A Central Theory of Biology," *Medical Hypotheses* 85, no. 1 (2015): 49—57.

3. 我以往出版的书里讨论过自我的概念和种类,思考过可能支撑它们的生理学基础。可参阅:

Antonio Damasio, *Self Comes to Mind: Constructing the Conscious Brain* (New York: Pantheon, 2010).

第二篇　心智与新的表征艺术

智能、心智和意识

1. 鲍卢什考(František Baluška)和莱文(Michael Levin)对内引智能的讨论,可参阅:

František Baluška and Michael Levin, "On Having No Head: Cognition Throughout Biological Systems," *Frontiers in Psychology* 7 (2016): 1—19.

František Baluška and Stefano Mancuso, "Deep Evolutionary Origins of Neurobiology: Turning the Essence of 'Neural' Upside-Down," *Communicative and Integrative Biology* 2, no. 1 (2009): 60—65.

František Baluška and Arthur Reber, "Sentience and Consciousness in Single Cells: How the First Minds Emerged in Unicellular Species," *BioEssays* 41, no. 3 (2019).

Paco Calvo and František Baluška, "Conditions for Minimal Intelligence Across

Eukaryota: A Cognitive Science Perspective," *Frontiers in Psychology* 6 (2015): 1—4, doi.org/10.3389/fpsyg.2015.01329.

感觉和意识不一样,不需要心智

1. Claude Bernard, *Leçons sur les phénomènes de la vie communs aux animaux et aux végétaux* (Paris: J.-B. Baillière et Fils, 1879).(密歇根大学图书馆馆藏重印本)

A. J. Trewavas, "What Is Plant Behaviour," *Plant Cell and Environment* 32 (2009): 606—616.

Edward O. Wilson, *The Social Conquest of the Earth* (New York: Liveright, 2012).

Colin Klein and Andrew B. Barron, "How Experimental Neuroscientists Can Fix the Hard Problem of Consciousness," *Neuroscience of Consciousness* 2020, no. 1 (2020): niaa009, doi.org/10.1093/nc/niaa009.

心理意象的形成

1. 若想全面回顾有关视觉的开创性作品,可参阅:

David Hubel and Torsten Wiesel, *Brain and Visual Perception* (New York: Oxford University Press, 2004).

Richard Masland, *We Know It When We See It: What the Neurobiology of Vision Tells Us About How We Think* (New York: Basic Books, 2020).

后者包含了近期学界对视觉的观点和看法。此外,也可参阅:

Eric Kandel, James H. Schwartz, Thomas M. Jessell, Steven A. Siegelbaum, and A. J. Hudspeth, eds., *Principles of Neural Science*, 5th ed. (New York: McGrawHill, 2013).

Stephen M. Kosslyn, *Image and Mind* (Cambridge, Mass.: Harvard University Press, 1980).

Stephen M. Kosslyn, Giorgio Ganis, and William L. Thompson, "Neural Foundations of Imagery," *Nature Reviews Neuroscience* 2 (2001): 635—642.

Stephen M.Kosslyn, Alvaro Pascual-Leone, Olivier Felician, Susana Camposano, et al., "The Role of Area 17 in Visual Imagery: Convergent Evidence from PET and rTMS," *Science* 284 (1999): 167—170.

Scott D. Slotnick, William L. Thompson, and Stephen M. Kosslyn, "Visual Mental Imagery Induces Retinotopically Organized Activation of Early Visual Areas," *Ce-*

rebral Cortex 15（2005）: 1570—1583.

2. 阿克塞尔（Richard Axel）、巴克（Linda Buck）和巴格曼（Cornelia Barg-mann）开创性地研究了嗅觉和味觉的复杂程度。可参阅:

L. Buck and R. Axel, "A Novel multigene family may encode odorant receptors: A molecular basis for odor recognition," *Cell* 65（1991）: 175—187.

将神经活动转化为动作和心智

1. 参阅坎德尔（Kandel）、施瓦兹（Schwartz）、杰塞尔（Jessell）、西格尔鲍姆（Siegelbaum）和赫兹佩思（Hudspeth）主编的《神经科学原理》（*Principles of Neural Science*）中有关神经系统剖析和生理机能的章节。

构建心智

1. Stuart Hameroff, "The Quantum Origin of Life: How the Brain Evolved to Feel Good," in *On Human Nature*, ed. Michel Tibayrenc and Francisco José Ayala（Amsterdam: Elsevier/AP, 2017）, 333—353.

Roger Penrose, "The Emperor's New Mind," *Royal Society for the Encouragement of Arts, Manufactures, and Commerce* 139, no. 5420（1991）: 506—514, www.js-tor.org/stable/41378098.

植物的心智和查尔斯王子的智慧

1. Walter B. Cannon, *The Wisdom of the Body*（New York: Norton, 1932）.

Walter B. Cannon, "Organization for Physiological Homeostasis," *Physiological Review* 9（1929）: 399—431.

Claude Bernard, *Leçons sur les phénomènes de la vie communs aux animaux et aux végétaux*（Paris: J.-B. Baillière et Fils, 1879）.（密歇根大学图书馆馆藏重印本）

Michael Pollan, "The Intelligent Plant," *New Yorker*, Dec. 23 and 30, 2013.

2. 在特殊情况下,植物之间会产生协作甚至共生关系。森林里的树根形成的地下网络就是最典型的一个例子。这些都表明,无心智、无意识和无神经系统的智能的效力。可参阅:

Monica Gagliano, *Thus Spoke the Plant*（New York: Penguin Random House, 2018）.

厨房里的算法

1. Michel Serres, *Petite Poucette* (Paris: Le Pommier, 2012).

第三篇　关于感受

感受的缘起：奠定基础

1. 除了其他学者以外，哈默洛夫(Stuart Hameroff)也表明，生物体可能在神经系统出现以前就产生了感受。在我看来，这一观点源自一个事实：特定的"身体构造"更有可能与更稳定且更能维持的生命状态有关。我对这个事实表示认可，但这并不意味着这些身体构造就能产生感受，产生能反映生物当前状况的心理状态。我的理解是，心理状态的存在需要数量庞杂的神经系统，而且依靠生物在神经系统中表现出的状态。参阅：

Stuart Hameroff, "The Quantum Origin of Life: How the Brain Evolved to Feel Good," in *On Human Nature*, ed. Michel Tibayrenc and Francisco José Ayala (Amsterdam: Elsevier/AP, 2017), 333—353.

情感

1. 我采用"primordial"(原始的)这个术语是符合常规的，它指的是我所认为的感受的纯粹且直接的特征。感受出现于人类进化早期，目前仍旧很有可能存在于许多非人类物种中，更不用说是婴儿了。在这一段时期，感受一直保存着这种特征。我提到"体内平衡"等所有早期的感受，目的是把它们和情绪感受区分开，因为情绪感受需要情绪的参与。丹顿(Derek Denton)有一本非常重要的著作，名字叫《原始情绪》(*The Primordial Emotions*)。在这本书中，"primordial"这个词指的是体内平衡过程的等级。用他的话说，该过程会产生"难以抑制的唤醒态和极其强烈的行动意图"。呼吸和排泄过程(如排尿)就是例子。继这些原始情绪之后出现的是各自的感受。这些原始情绪/感受出现的主要原因是呼吸道堵塞，以及由此引发的"缺氧"。可参阅：

Derek Denton, *The Primordial Emotions: The Dawning of Consciousness* (Oxford: Oxford University Press, 2005).

2. 察基里斯(Manos Tsakiris)和德普利斯特(Helena De Preester)整理了一系列有关内感受的文章，这些文章的作者大多是目前对内感受感兴趣的神经科学领域的领军人物。可参阅：

The Interoceptive Mind: From Homeostasis to Awareness, ed. Manos Tsakiris and Helena De Preester (Oxford: Oxford University Press, 2019).

也可参阅:

A. D. Craig, *How Do You Feel? An Interoceptive Moment with Your Neurobiological Self* (Princeton, N.J.: Princeton University Press, 2015).

A. D. Craig, "Interoception: The Sense of the Physiological Condition of the Body," *Current Opinion in Neurobiology* 13, no. 4 (2003): 500—505.

Hugo D. Critchley, Stefan Wiens, Pia Rotshtein, Arne Öhman, and Raymond J. Dolan, "Neural Systems Supporting Interoceptive Awareness," *Nature Neuroscience* 7, no. 2 (2004): 189—195.

3. 若想准确了解体内平衡和失衡之间的区别,可参阅:

Bruce S. McEwen, "Stress, Adaptation, and Disease: Allostasis and Allostatic Load," *Annals of the New York Academy of Sciences* 840, no. 1 (1998): 33—44.

4. 下列参考文献的主题是情感,涵盖的内容相当广泛,从情感的一般概念到神经生物学方面的实现,无所不包。可参阅:

Ralph Adolphs and David J. Anderson, *The Neuroscience of Emotion: A New Synthesis* (Princeton, N.J.: Princeton University Press, 2018).

Ralph Adolphs, Hanna Damasio, Daniel Tranel, Greg Cooper, and Antonio Damasio, "A Role for Somatosensory Cortices in the Visual Recognition of Emotion as Revealed by Three-Dimensional Lesion Mapping," *Journal of Neuroscience* 20, no. 7 (2000): 2683—2690.

Antonio Damasio, *The Feeling of What Happens: Body and Emotion in the Making of Consciousness* (New York: Harcourt Brace, 1999).

Antonio Damasio, Hanna Damasio, and Daniel Tranel, "Persistence of Feelings and Sentience After Bilateral Damage of the Insula," *Cerebral Cortex* 23 (2012): 833—846.

Antonio Damasio, Thomas J. Grabowski, Antoine Bechara, Hanna Damasio, Laura L. B. Ponto, Josef Parvizi, and Richard Hichwa, "Subcortical and Cortical Brain Activity During the Feeling of Self-Generated Emotions," *Nature Neuroscience* 3, no. 10 (2000): 1049—1056, doi.org/10.1038/79871.

Antonio Damasio and Joseph LeDoux, "Emotion," in *Principles of Neural Science*, ed. Eric Kandel, James H. Schwartz, Thomas M. Jessell, Steven A. Siegelbaum, and A. J. Hudspeth, 5th ed. (New York: McGraw-Hill, 2013).

Richard Davidson and Brianna S. Shuyler, "Neuroscience of Happiness," in *World Happiness Report 2015*, ed. John F. Helliwell, Richard Layard, and Jeffrey Sachs (New York: Sustainable Development Solutions Network, 2015).

Mary Helen Immordino-Yang, *Emotions, Learning, and the Brain: Exploring the Educational Implications of Affective Neuroscience* (New York: W. W. Norton, 2015).

Kenneth H. Nealson and J. Woodland Hastings, "Quorum Sensing on a Global Scale: Massive Numbers of Bioluminescent Bacteria Make Milky Seas," *Applied and Environmental Microbiology* 72, no. 4 (2006): 2295—2297.

Anil K. Seth, "Interoceptive Inference, Emotion, and the Embodied Self," *Trends in Cognitive Sciences* 17, no. 11 (2013): 565—573.

Mark Solms, *The Feeling Brain: Selected Papers on Neuropsychoanalysis* (London: Karnac Books, 2015).

Anthony G. Vaccaro, Jonas T. Kaplan, and Antonio Damasio, "Bittersweet: The Neuroscience of Ambivalent Affect," *Perspectives on Psychological Science* 15 (2020): 1187—1199.

生物效率与感受的起源

1. Stuart Hameroff, "The Quantum Origin of Life: How the Brain Evolved to Feel Good," in *On Human Nature*, ed. Michel Tibayrenc and Francisco José Ayala (Amsterdam: Elsevier/AP, 2017), 333—353.

基础感受(三)

1. 德普利斯特(Helena De Preester)就与感受问题直接相关的感受现象学发表了一篇内容翔实、意义深刻的文章。如果把感受称作"知觉",感受显然就成了这种过程非常规的案例。可参阅:

Helena De Preester, "Subjectivity as a Sentient Perspective and the Role of Interoception," in Tsakiris and De Preester, *Interoceptive.Mind*.

基础感受(四)

1. Antonio Damasio and Gil B. Carvalho, "The Nature of Feelings: Evolutionary and Neurobiological Origins," *Nature Reviews Neuroscience* 14, no. 2 (2013): 143—152.

Gil Carvalho and Antonio Damasio, "Interoception as the Origin of Feelings: A New Synthesis," *BioEssays* (forthcoming June 2021).

基础感受(五)

1. Antonio Damasio, *The Strange Order of Things: Life, Feeling, and the Making*

of Cultures（New York: Pantheon Books, 2018）.

基础感受（六）

1. Derek Denton, *Primordial Emotions: The dawning of consciousness*（Oxford: Oxford University Press, 2005）.

基础感受（七）

1. He-Bin Tang, Yu-Sang Li, Koji Arihiro, and Yoshihiro Nakata, "Activation of the Neurokinin-1 Receptor by Substance P Triggers the Release of Substance P from Cultured Adult Rat Dorsal Root Ganglion Neurons," *Molecular Pain* 3, no. 1（2007）: 42, doi.org/10.1186/1744-8069-3-42.

社会文化背景下的体内平衡感

1. 生物现象与社会文化结构及运作之间的深层联系在《万物的古怪秩序：生命、感受和文化起源》（前面提到过）一书中有所涉及。也可参阅：

Marco Verweij and Antonio Damasio, "The Somatic Marker Hypothesis and Political Life" in *Oxford Research Encyclopedia of Politics*（Oxford University Press, 2019）.

第四篇　关于意识与认知

意识为何成为当下的热门话题

1. 我在《万物的古怪秩序：生命、感受和文化起源》中描述了生物学与文化发展之间的密切关系。

2. W. H. Auden, *For the Time Being: A Christmas Oratorio*（London: Plough, 1942）.

自然意识

1. "意识"（consciousness）是个新兴词汇，在莎士比亚那个时代根本不存在。罗曼语系里没有与"意识"直接对等的词汇，要想表达相关的含义，所用词汇仍旧是"良知"（conscience）。不过，"良知"不仅是"意识"的同义词，它还指某种道德行为。哈姆雷特（Hamlet）说："因此，良知把我们所有人都变成了懦夫。"这里的"良知"指的就不是"意识",而是道德上的顾虑。"意识"一词诞生于1690年,当时洛克(John Locke)对它的定义是:"意识是对脑中闪过内容的察觉。"这则定义还比较准确,但还是有这样或那样的缺陷。

2. Derek Denton, *The Primordial Emotions: The Dawning of Consciousness* (Oxford: Oxford University Press, 2005).

意识的问题

1. 哈默洛夫(Stuart Hameroff)和科赫(Christof Koch)两位生物学家从泛心论的角度研究意识。

2. David J. Chalmers, *The Conscious Mind: In Search of a Fundamental Theory* (Oxford: Oxford University Press, 1996).

3. Thomas Nagel, "What Is It Like to Be a Bat," *Philosophical Review* 83, no. 4 (1974): 435—450, doi.org/10.2307/2183914.

4. 许多哲学家都出于其他原因评价过意识问题的地位,丹尼特(Daniel Dennett)就是其中之一。参阅:

Daniel C. Dennett, "Facing Up to the Hard Question of Consciousness," *Philosophical Transactions of the Royal Society B* (2018), doi.org/10.1098/rstb.2017.0342.

5. 若想了解近期对意识相关的理论和事实的评价,可参阅:

Simona Ginsburg and Eva Jablonka, *The Evolution of the Sensitive Soul: Learning and the Origins of Consciousness* (Cambridge, Mass.: MIT Press, 2019).

这本书对当前与意识相关的评价(主要包括生理学和生物学方面的评价内容)进行了完整的调查。也可参阅:

Antonio Damasio, "Feeling & Knowing: Making Minds Conscious," *Cognitive Neuroscience* 2021.

有意识和清醒并不是一回事

1. Antonio Damasio and Kaspar Meyer, "Consciousness: An Overview of the Phenomenon and of Its Possible Neural Basis," in *The Neurology of Consciousness,* ed. Steven Laureys and Giulio Tononi (Burlington, Mass.: Elsevier, 2009: 3—14).

外延意识

1. Antonio Damasio, *The Feeling of What Happens: Body and Emotion in the Making of Consciousness* (New York: Harcourt Brace, 1999).

轻易,而且还能容你

1. Emily Dickinson, "Poem XLⅢ," in *Collected Poems* (Philadelphia: Courage Books, 1991).

知识的积累

1. 我同事亨宁(Max Henning)对这首诗评论道:"通过把精神主体定位到每个心流中意象的特征而非某种特定的生理功能或物质来描述意识,这种手法在佛教哲学中有先例。具体来说,佛教的'无我'(巴利语 anattā)和'缘起'认为,精神主体或'自我'的本质并不明显,它仅存在于与精神'客体'的关系中。而正如哲学家洛伊(David Loy)所指出的那样,精神客体也仅存在于与精神主体的关系中。这种从救赎论和认识论对意识本质和精神主体进行探询的直接融合引发了进一步的研究。"可参阅:

David R. Loy, *Nonduality: In Buddhism and Other Spiritual Traditions* (Wisdom Publications, 2019).

整合并非意识的来源

1. 托诺尼(Giulio Tononi)和科赫(Christof Koch)提出,信息整合发挥着不同的作用。参阅:

Christof Koch, *The Feeling of Life Itself: Why Consciousness Is Widespread but Can't Be Computed* (Cambridge, Mass.: MIT Press, 2019).

科赫这本书标题中的 feeling 显然指的是各种认知因素的结合,而非我在本书中讨论的情感现象。

意识和注意力

1. 迪昂(Stanislas Dehaene)和尚热(Jean-Pierre Changeux)在阐释注意力和意识的交叉性方面做出了巨大的贡献,而且提供了重要文本。可参阅:

Stanislas Dehaene, *Consciousness and the Brain: Deciphering How the Brain Codes Our Thoughts* (New York: Viking, 2014).

意识的缺失

1.我的个人回忆录。

2. František Baluška, Ken Yokawa, Stefano Mancuso, and Keith Baverstock, "Understanding of Anesthesia—Why Consciousness Is Essential for Life and Not Based on Genes," *Communicative and Integrative Biology* 9, no. 6 (2016), doi.org/ 10.1080/19420889.2016.1238118.

3. Jerome B. Posner, Clifford B. Saper, Nicholas D. Schiff, and Fred Plum, *Plum and Posner's Diagnosis of Stupor and Coma* (New York: Oxford University Press, 2007).

4. 参阅达马西奥的《感受发生的一切》第八章神经学层面的意识。也可参阅：

Josef Parvizi and Antonio Damasio, "Neuroanatomical Correlates of Brainstem Coma," *Brain* 126, no. 7 (2003): 1524—1536.

Josef Parvizi and Antonio Damasio, "Consciousness and the Brainstem," *Cognition* 79, no. 1 (2001): 135—160.

大脑皮层和脑干在意识形成过程中发挥的作用

1. Antonio Damasio, *Self Comes to Mind: Constructing the Conscious Brain* (New York: Pantheon, 2010).

Antonio Damasio, Hanna Damasio, and Daniel Tranel, "Persistence of Feelings and Sentience After Bilateral Damage of the Insula," *Cerebral Cortex* 23 (2012): 833—846.

Antonio Damasio and Kaspar Meyer, "Consciousness: An Overview of the Phenomenon and of Its Possible Neural Basis," in *The Neurology of Consciousness*, ed. Steven Laureys and Giulio Tononi (Burlington, Mass.: Elsevier, 2009), 3—14.

感受机器和意识机器

1. Kingson Man and Antonio Damasio, "Homeostasis and Soft Robotics in the Design of Feeling Machines," *Nature Machine Intelligence* 1 (2019): 446—452, doi. org/10.1038/s42256-019-0103-7.

第五篇　结语：平心而论

1. 辛格(Peter Singer)和法默(Paul Farmer)的观点就是回应我尤其关注的人类当前困境的极佳例子。可参阅：

Peter Singer, *The Expanding Circle: Ethics, Evolution, and Moral Progress*

（Princeton, N.J.: Princeton University Press, 2011）.

Paul Farmer, *Fevers, Feuds, and Diamonds: Ebola and the Ravages of History* （New York: Farrar, Straus and Giroux, 2020）.

其他读物

Lawrence W. Barsalou. "Grounded Cognition." *Annual Review of Psychology* 59 (2008): 617—645.

Nick Bostrom. *Superintelligence: Paths, Dangers, Strategies*. Oxford: Oxford University Press, 2014.

Sean Carroll. *The Big Picture*. New York: Dutton, 2016.

John Gray. *The Silence of Animals: On Progress and Other Modern Myths*. New York: Farrar, Straus and Giroux, 2013.

Siri Hustvedt. *The Delusions of Certainty*. New York: Simon & Schuster, 2017.

Rodrigo Quian Quiroga. "Plugging into Human Memory: Advantages, Challenges, and Insights from Human Single-Neuron Recordings." *Cell* 179, no. 5 (2019): 1015—1032. doi.org/10.1016/j.cell.2019.10.016.

David Rudrauf, Daniel Bennequin, Isabela Granic, Gregory Landini, Karl Friston, and Kenneth Williford. "A Mathematical Model of Embodied Consciousness." *Journal of Theoretical Biology* 428 (2017): 106—131.doi.org/10.1016/j.jtbi.2017.05.032.

John S. Torday. "A Central Theory of Biology." *Medical Hypotheses* 85, no. 1 (2015): 49—57.

Luis P. Villarreal. "Are Viruses Alive?" *Scientific American* 291, no. 6 (2004): 100—105. doi.org/10.2307/26060805.

Edward O. Wilson. *The Social Conquest of the Earth*. New York: Liveright, 2012.

致　谢

在致谢部分,作者通常叙述自己的特定项目是在何种情况下产生的。不过,就本书而言,我已经在前言部分提到过相关内容。我是在编辑弗兰克的一个想法及我自己对传统科学类书籍版式不满的驱动下完成《感受与认知》这本书的。在这里,我要对弗兰克表示感谢,感谢他让我重拾自己的工作,让我意识到自己实际已经解决了一些让我绞尽脑汁的科学问题。

同时,还要感谢为我这种奇特的追求提供帮助的同事们和朋友们。首先,要感谢的是脑与创造力研究所(Brain and Creativity Institute)的同事们,他们每天都和我就生物学、心理学和神经科学的各种话题交换观点和看法。一些同事还耐心阅读了本书最初版本的稿件,并提出了很多睿智的意见和建议。这些同事有曼(Kingson Man)、卡普兰(Jonas Kaplan)、亨宁(Max Henning)、阿劳约(Helder Araujo)、瓦卡罗(Anthony Vacarro)、蒙泰罗索(John Monterosso)、佛维基(Marco Verweij)、卡瓦略(Gil Carvalho)、哈比比(Assal Habibi)、卡恩(Rael Cahn)、伊莫尔迪诺-杨(Mary Helen Immordino-Yang)、赫里斯托夫-穆尔(Leonardo Christov-Moore)、德哈尼(Morteza Dehghani)和扎德(Lisa Aziz Zadeh)。

其次,还要感谢许多朋友,感谢他们提供了足够友好的阅读、鼓励和评论。这些朋友有萨克斯(Peter Sacks)、格雷厄姆(Jorie Graham)、内文(Hartmut Neven)、伯格鲁恩(Nicolas Berggruen)、特拉奈尔(Dan Tranel)、帕维兹(Josef Parvizi)、古根海姆(Barbara Guggenheim)、温加藤(Regina Weingarten)、莫里斯(Julian Morris)、罗斯(Landon Ross)、莫罗(Silvia Gaspardo Moro)和雷(Charles Ray)。我更要感谢他们,因为这已经不是他们第一次陪我愚蠢地把想法写在纸上了。

多年来,我注意到我的写作依赖于工作环境的稳定性,而我所听到的音乐和看到的艺术作品与我的作品联系在一起,以至于它们成了我继续工作的必要条件。比如,我之前的一些作品就和皮雷斯(Maria Joao Pires)、马友友(Yo-Yo Ma)、巴伦博伊姆(Daniel Barenboim),以及其他一些令人敬仰的艺术家和朋友紧密相连。而在本书的创作过程中,大提琴演奏家安德烈耶夫(Elena Andreyev)和她丰富的《巴赫大提琴组曲》(*Bach Cello Suites*)在许多时候帮助我稳定心态、理清思路。在这里,我对她的陪伴表示感谢。

卡莱尔(Michael Carlisle)和赫尔利(Alexis Hurley)不仅是最专业的文学经纪人,还是不可或缺的朋友。我感谢他们的幽默和鼓励。

如果没有纳卡穆拉(Denise Nakamura),我无法想象自己的职业生涯会变成什么样。她是办公室经理中最冷静、最能干的,她以我们中很少有人能做到的冷静心态从事书目搜索,她为我准备的手写和口述文本都完美无缺。对她来说,再多的感谢也不够。

汉娜·达马西奥(Hanna Damasio)清楚我的想法,但仍然会读我写的每一个字。无论是否同意我的观点,她都能耐心地提出建设性的意见。她的贡献是这项工作的核心,我非常感激。

译后记

从辛丑端午合同签约到壬寅谷雨完成译稿，足足十个月。"十月怀胎，一朝出产。"由于职业性质，只能见缝插针地开展翻译工作。虽亦步亦趋、走走停停，但却是一段令人快乐的旅程。有幸担任这本书的译者，归根结底，离不开一个"缘"字。

其一，"缘"在专业。从21世纪之初本人开始接触人工智能（AI）算起，到如今进入如火如荼的新一代人工智能发展的高峰期，已足足20年有余。我依稀记得，初次接触AI正值本人步入研究生学业生涯，在西安电子科技大学焦李成院士门下深造。入学第一年，"人工智能及其应用""模式识别""人工神经网络"和"数据挖掘"等诸多属于人工智能范畴的必修课和选修课，是本人朝夕相处的"伙伴"。当时除了好奇、懵懂和充满求知欲之外，根本没有想到20年之后自己身边的各种产品和服务应用都与AI休戚相关。可以说，那时的自己就已经接触了人工智能领域的学术前沿了，这样想来，心中又不免添了几丝惭愧——自己的基本功打得还是不够扎实，要不然自己在此领域多少能有点建树，至少也会多一些"种草"的资格吧。

虽然自然科学界与产业界，甚至人文与社会科学界都不乏对AI唱衰的杂音，但不管怎么说，其理论研究及实际应用都已经上升到了国家战略。党和政府顶层设计、统筹规划，产业界广泛布局，投资界密集注金,教育界设专业、建课程,学术界更是百花齐放、百家争鸣。

纵观全球,如今 AI 已经进入到第三次发展浪潮。"忽如一夜春风来,人工智能遍地开。"于是乎,人类一下子迈入了智能时代,这让人类又惊喜又恐惧。

惊喜的是,人类的智力劳动,特别是那些繁重、重复而又乏味的部分,终于可以交给 AI 去干了,这让人类可以在属于自己独特的天地里或内卷,或躺平。恐惧的是,这一波人工智能浪潮来得太快、太猛,猛烈得让人类还未来得及做好思想准备,其应用就已经布局到自己的身边了。在这方面,独领风骚的当数人工智能领域的国际先锋企业 DeepMind,它在 AI for Science(通过人工智能加速科学发现)领域火力全开,成果研发周期愈来愈短,赚足了全世界的注意力流量。从 AlphaGo 到其升级版 AlphaZero,再到蛋白质结构预测算法 AphaFold2,然后到近期发布的新作——人工智能"通才"Gato。可以说,DeepMind 在实现人类通用人工智能(AGI)的梦想道路上一骑绝尘,让学术界与产业界的同行望其项背。同时,美国波士顿动力公司(Boston Dynamics)研发的智能机器人也在不断迭代升级,一个个"大狗"和"小狗"都快成精了! *

如此这般的 AI 繁荣盛景在其他领域表现得也可圈可点。比如,

---

* 波士顿动力公司推出的机械狗 BigDog 是一种动力平衡四足机器人,形似大狗,而它们研发的最小的机器狗 LittleDog 长得像个跳蚤,但攀爬越野能力却是一流,给人类带来莫名的恐怖感。

本人从事的情感计算领域的明星——第一个拥有居民身份的机器人索菲亚(Sophia),"她"让机器人在与人类共情的征程上迈出了一大步,为人机共生时代打开了一扇窗。因此,这不由得让人类在欣喜的同时,也发出莫名的感叹及持久的深思:在这个时代,"我"是谁(即数智时代的身份如何认同)?社会公平与公民地位的平等如何保障?AI安全与责任如何保证?AI带来的经济与就业问题如何解决?等等。

上述问题让人类进入千禧年的20年之后,又有了新的担忧,AGI还未真正实现,人工智能带来的负面影响却层出不穷,它给人类的生活、学习和工作带来了新的困扰。这不由得让我想起英国作家狄更斯(Charles Dickens)在其名著《双城记》(*A Tale of Two Cities*)的开篇第一句话:这是最好的时代,这是最坏的时代;这是智慧的时代,这是愚蠢的时代(It was the best of times, it was the worst of times, it was the age of wisdom, it was the age of foolishness)。

话题扯远了!不管怎么说,人工智能已经像电力能源一样,逐步渗透到人类每天的生产与生活中,想说"爱"(AI)它可真不容易。而对于我这个身处"局中"的个体来说,感触就更加真实与贴切啦!

无论如何,当下人工智能的发展正从感知智能向认知智能过渡,各大科学领域都试图在探究人类智能、心智和意识奥秘的基础上为机器智能向"通才"目标发展提供公理性和原理性的基础支撑。而人类在科学疆域的探索上,在宏观层面已经取得了众多重大突破(比如,宇宙黑洞和引力波的发现),但在微观层面,特别是关于人类意识的理解与探索上仍然止步不前,鲜有突破性研究进展和重大科学发现,这已经成为制约通用人工智能和人机混合智能顺利发展的根本性瓶颈问题。在本书中,达马西奥以身体意识为突破口,将身体作为纽带,从身体的感受讨论到脑的认知,继而又拓展到智能、心智和意识,为打开意识探索的大门梳理了一条清晰的脉络。尽管达马西奥并未给出有关意识的明确定义及具体的产生过程,但却给出了探索意识问题的边界,减少了理解意识的盲目性和模糊性,这为下一步人类开出更多、更有颠覆性的意识创新之花奠定了基石,为意识机器的创造带来了有意义的启示。

可见,本书的出版意义重大且恰逢其时。我相信,本书虽然篇幅很短,核心部分仅仅6万余字,但它在人类探索意识的道路上,定是一部具有里程碑意义的佳作,为人类可持续地开展意识的科学探索做出有影响力的贡献。

其二,"缘"在原著作者达马西奥。从事人工智能这么多年,出于"杂家"的本性,本人逐步涉猎了认知科学、神经科学、心理学和哲学等学科与智能相关话题的内容,其主要实现途径就是博览群书。达马西奥是葡萄牙裔美籍科学家,他出身医学专业,其研究领域横跨神经科学、心理学和哲学。他极具影响力的成就,当数从情绪出发以演化视角阐明了人类意识的产生机理。他开创了"体现意识"(身体意识)领域的探索先河。达马西奥所创作的《笛卡尔的错误》《当自我来敲门》《万物的古怪秩序》《感受发生的一切》及《寻找斯宾诺莎》,自然成为我平时阅读与学习的"宝典"。所以,在接触本书之前,我和作者已打过多次"交道"了,并对其部分科学思想及写作手法了然于心。

与前面提及的几本书不同,本书内容更为广泛,表达也更为通透,从生命的存在谈到身体的感受和脑的认知,然后推演到智能、心智与意识,其中的重点话题当数"感受""认知"与"意识"。可以说,前面提及的五部作品中所讨论的核心内容,在本书中都能找到印迹。同时,本书的陈述风格与前面几本书多有不同。就本书的类型来说,兼有科技著作与科普读物的特点。一方面,达马西奥是一名学者,在全书大部分章节中,他适时给出了注释,涉及不少经典文献,便于读者做拓展性阅读,这种做法应出于他作为学者的职业习惯。另一方面,这又是一本高端科普读物,全书共48篇科学文章,每一篇都阐明了一个具体的话题,语言表达风格多样,或叙述、或议论、或抒情(连诗歌也纳入其中了),力求通俗易懂,甚至不乏幽默。这对于我这个并非英文翻译专业科班出身的译者来说,可谓充满了诸多挑战。再加上他在本书中用词地道纯正,以便尽可能贴切表达自己想要表达的旨意,语言运用上兼有科技的严谨性与文学的优雅性。有时为了把一个句子译好,我先是庖丁解牛般地解析,然后再文经武纬式地综合。整个翻译过程中,我始终将严复先生的"信、达、雅"翻译三原则牢记在心。达马西奥在语言表达上的驾轻就熟,已经让我在"信"和"达"上"字典不离手,冷汗不离身"*,何论"雅"哉?

---

　　*鲁迅先生曾用十个字总结他的翻译经验:"字典不离手,冷汗不离身。"这句话准确地传达了翻译工作的艰辛与责任。

虽然如此,本着为作者负责、为读者负责、为艺术负责的理想而字斟句酌、咬文嚼字,每每搞定一个篇章,如举重运动员成功抓举杠铃之后的状态,顿感如释重负,快乐和兴奋油然而生,但又不得不为要举起下一次杠铃攒足精神、蓄势待发。如此说来,这本书让我和达马西奥这位思想大家、科学家有了更为深入的"交流"。

其三,"缘"在出版社。本书由上海科技教育出版社出版。与该出版社的结缘,要从其出版的"哲人石丛书"说起。2002年4月底,本人因身体有恙回老家休养数月,其间在县城检查治疗。由于病情并不严重,临时借住在县城亲戚家,并没有住院治疗。治疗期间,本人打发时间的主要方式就是逛一下县城的书店,其中最有名的当数位于县城繁华大街上的"席殊书屋",这家书店特色鲜明、选品独特。书店内,最吸引我眼球的就是上海科技教育出版社的"哲人石丛书"。这套书十分显眼,四五十册齐置于书架之上,"蔚为壮观"。此系列图书都是译著,精选了自然科学领域的天文学、生物学、物理学等诸多学科的热门话题,兼具知识性、趣味性与前沿性。在这里面,《混沌七鉴:来自易学的永恒智慧》(*Timeless Wisdom from the Science of Change*)这本书引起了我的特别关注,这是我在"非线性电路与系统"课程上导师专门推荐的一本好书,顿感如获至宝,迅速买下。毫不夸张地说,有了此书,我的病情也加快好转,数月之后便返回学校了。

此后,每逢公休日和节假日,我在西安打发时间的主要方式就是去小寨十字附近的嘉汇汉唐书店逛一逛。这在当时是西安最有名的一家书店,每逢知名作家或各界明星(如中央电视台主持人)在西安开展图书签售活动,首选这家书店。其藏书量大,门类众多。每次来此书店必到三楼偏于一隅的科普区"打卡"。虽然这类图书只有区区数百册可供挑选,但每次过来必细细探查上海科技教育出版社科学人文类图书的上新情况。尽管囊中羞涩,但每次仍会挑上几本带回学校细细品读——这已经成为我在西安十年求学生涯的主要癖好之一,以致后来只要进了书店,就像陷入"泥沼"似的,总也迈不开腿了。

没有想到的是,若干年后自己竟然能够与上海科技教育出版社的匡志强副总编在云端偶遇,我们俩虽然交往不多,但却惺惺相惜。这也成全了我从该社的一名读者到一名译者的转型,希望不久的将来还能成为该社的一名作者。值得一提的是,出版社决定把此书纳入"哲人石丛书"系列,此乃幸哉!可见,书与人的"缘"也是如此神奇且不可思议。

翻译本书之时,国内新冠肺炎疫情处于此起彼伏的焦灼态势,特别是去年年底及今年春末西安和上海两地的局部疫情大流行为本书的加快面世带来了阻碍。尽管如此,本书还是在原著问世一年多之后与国内读者见面了,这要感谢的人有很多。首先,感谢"意识探索"九人组——包括中国科学院计算技术研究所史忠植研究员、上海海事大学王晓峰教授、桂林电子科技大学李玉鑑教授、南京财经大学刘锋教授,以及美国纽约自由研究学者熊楚渝博士等。在接触本书之前及翻译此书的过程中,我们在空余时间针锋相对地交流和探讨意识,并分享和学习有关意识方面的资讯。本着启迪思维和激发灵感的初心,以去行政化、去年龄化和去身份化的方式启发性互动,的确是一个很棒的意识讨论"C9联盟"。* 其次,感谢李猛、续金金和于东燕三名同学在本书翻译过程中提供的大力支持与协助,这让我进一步加快了此书的翻译进程及校对进度,促成了本书与读者早日见面。感谢上海科技教育出版社的匡志强副总编及王洋、殷晓岚两位编辑的大力支持,他们的鼓励与帮助为此书增光添色。特别感谢原著作者达马西奥倾情为本书撰写中文版序言,以及国内著名人工智能学家史忠植研究员热情为本书作序。最后,感谢家人在背后的大力支持,让本人能够尽可能抽出更多的时间来做好此书的翻译工作。

伏案数月,终成此书,感慨良多,甘苦自知。读者的满意依然是我努力的方向与目标。本人翻译水平有限,难免有错误与措辞欠妥之处,恳请识者赐教,不胜感激。

这就是本书翻译历程的全部故事,权当作"译后记"。

2022年11月11日记于西安赛蒙阁

---

* C9联盟一般指九校联盟,是中国首个顶尖大学间的高校联盟,于2009年10月正式启动。联盟成员都是国家首批"985工程"重点建设的一流大学,包括北京大学、清华大学、哈尔滨工业大学、复旦大学、上海交通大学、南京大学、浙江大学、中国科学技术大学、西安交通大学共9所高校。此处C9中的C指的是consciousness(意识)。

图书在版编目(CIP)数据

感受与认知:让意识照亮心智/(美)安东尼奥·达马西奥著;
孙强译.—上海:上海科技教育出版社,2022.12(2025.9重印)
(哲人石丛书.当代科普名著系列)
书名原文:Feeling & Knowing: Making Minds Conscious
ISBN 978-7-5428-7851-9

Ⅰ.①感…　Ⅱ.①安…　②孙…　Ⅲ.①意识—研究
Ⅳ.①B842.7

中国版本图书馆 CIP 数据核字(2022)第 248697 号

责任编辑　王　洋
装帧设计　李梦雪

GANSHOU YU RENZHI
感受与认知:让意识照亮心智
[美]安东尼奥·达马西奥　著
孙　强　译

出版发行　上海科技教育出版社有限公司
　　　　　　(上海市闵行区号景路159弄A座8楼　邮政编码201101)

网　　址　www.sste.com　www.ewen.co
经　　销　各地新华书店
印　　刷　上海商务联西印刷有限公司
开　　本　720×1000　1/16
印　　张　11.75
版　　次　2022年12月第1版
印　　次　2025年9月第2次印刷
书　　号　ISBN 978-7-5428-7851-9/N·1167
图　　字　09-2021-0421号
定　　价　48.00元